格致方法·定量研究系列 吴晓刚 主编

应用 logistic 回归分析(第二版)

[美] 斯科特·梅纳德(Scott Menard) 著

李俊秀 译

SAGE Publications, Inc.

格致出版社 上海人民出版社

出版说明

由吴晓刚(原香港科技大学教授,现任上海纽约大学教授)主编的"格致方法·定量研究系列"丛书,精选了世界著名的SAGE出版社定量社会科学研究丛书,翻译成中文,起初集结成八册,于2011年出版。这套丛书自出版以来,受到广大读者特别是年轻一代社会科学工作者的热烈欢迎。为了给广大读者提供更多的方便和选择,该丛书经过修订和校正,于2012年以单行本的形式再次出版发行,共37本。我们衷心感谢广大读者的支持和建议。

随着与SAGE出版社合作的进一步深化,我们又从丛书中精选了三十多个品种,译成中文,以飨读者。丛书新增品种涵盖了更多的定量研究方法。我们希望本丛书单行本的继续出版能为推动国内社会科学定量研究的教学和研究作出一点贡献。

总 序

2003年，我赴港工作，在香港科技大学社会科学部教授研究生的两门核心定量方法课程。香港科技大学社会科学部自创建以来，非常重视社会科学研究方法论的训练。我开设的第一门课“社会科学里的统计学”（Statistics for Social Science）为所有研究型硕士生和博士生的必修课，而第二门课“社会科学中的定量分析”为博士生的必修课（事实上，大部分硕士生在修完第一门课后都会继续选修第二门课）。我在讲授这两门课的时候，根据社会科学研究生的数理基础比较薄弱的特点，尽量避免复杂的数学公式推导，而用具体的例子，结合语言和图形，帮助学生理解统计的基本概念和模型。课程的重点放在如何应用定量分析模型研究社会实际问题上，即社会研究者主要为定量统计方法的“消费者”而非“生产者”。作为“消费者”，学完这些课程后，我们一方面能够读懂、欣赏和评价别人在同行评议的刊物上发表的定量研究的文章；另一方面，也能在自己的研究中运用这些成熟的方法论技术。

上述两门课的内容，尽管在线性回归模型的内容上有少量重复,但各有侧重。“社会科学里的统计学”从介绍最基本的社会研究方法论和统计学原理开始,到多元线性回归模型结束,内容涵盖了描述性统计的基本方法、统计推论的原理、假设检验、列联表分析、方差和协方差分析、简单线性回归模型、多元线性回归模型,以及线性回归模型的假设和模型诊断。“社会科学中的定量分析”则介绍在经典线性回归模型的假设不成立的情况下的一些模型和方法,将重点放在因变量为定类数据的分析模型上,包括两分类的 logistic 回归模型、多分类 logistic 回归模型、定序 logistic 回归模型、条件 logistic 回归模型、多维列联表的对数线性和对数乘积模型、有关删节数据的模型、纵贯数据的分析模型,包括追踪研究和事件史的分析方法。这些模型在社会科学研究中有着更加广泛的应用。

修读过这些课程的香港科技大学的研究生,一直鼓励和支持我将两门课的讲稿结集出版,并帮助我将原来的英文课程讲稿译成了中文。但是,由于种种原因,这两本书拖了多年还没有完成。世界著名的出版社 SAGE 的“定量社会科学研究”丛书闻名遐迩,每本书都写得通俗易懂,与我的教学理念是相通的。当格致出版社向我提出从这套丛书中精选一批翻译,以飨中文读者时,我非常支持这个想法,因为这从某种程度上弥补了我的教科书未能出版的遗憾。

翻译是一件吃力不讨好的事。不但要有对中英文两种语言的精准把握能力,还要有对实质内容有较深的理解能力,而这套丛书涵盖的又恰恰是社会科学中技术性非常强的内容,只有语言能力是远远不能胜任的。在短短的一年时间里,我们组织了来自中国内地及香港、台湾地区的二十几位研究生参与了这项工程，他们当时大部分是香港科技大学的硕士和博士研究生，受过严格的社会科学统计方法的训练，也有来自美国等地对定量研究感兴趣的博士研究生。他们是香港科技大学社会科学部博士研究生蒋勤、李骏、盛智明、叶华、张卓妮、郑冰岛，硕士研究生贺光烨、李兰、林毓玲、肖东亮、辛济云、於嘉、余珊珊，应用社会经济研究中心研究员李俊秀；香港大学教育学院博士研究生洪岩璧；北京大学社会学系博士研究生李丁、赵亮员；中国人民大学人口学系讲师巫锡炜；中国台湾"中央"研究院社会学所助理研究员林宗弘；南京师范大学心理学系副教授陈陈；美国北卡罗来纳大学教堂山分校社会学系博士候选人姜念涛；美国加州大学洛杉矶分校社会学系博士研究生宋曦；哈佛大学社会学系博士研究生郭茂灿和周韵。

参与这项工作的许多译者目前都已经毕业，大多成为中国内地以及香港、台湾等地区高校和研究机构定量社会科学方法教学和研究的骨干。不少译者反映，翻译工作本身也是他们学习相关定量方法的有效途径。鉴于此，当格致出版社和 SAGE 出版社决定在"格致方法 · 定量研究系列"丛书中推出另外一批新品种时，香港科技大学社会科学部的研究生仍然是主要力量。特别值得一提的是，香港科技大学应用社会经济研究中心与上海大学社会学院自 2012 年夏季开始，在上海（夏季）和广州南沙（冬季）联合举办"应用社会科学研究方法研修班"，至今已经成功举办三届。研修课程设计体现"化整为零、循序渐进、中文教学、学以致用"的方针，吸引了一大批有志于从事定量社会科学研究的博士生和青年学者。他们中的不少人也参与了翻译和校对的工作。他们在繁忙的学习和研究之余,历经近两年的时间,完成了三十多本新书的翻译任务,使得"格致方法·定量研究系列"丛书更加丰富和完善。他们是:东南大学社会学系副教授洪岩璧,香港科技大学社会科学部博士研究生贺光烨、李忠路、王佳、王彦蓉、许多多,硕士研究生范新光、缪佳、武玲蔚、臧晓露、曾东林,原硕士研究生李兰,密歇根大学社会学系博士研究生王骁,纽约大学社会学系博士研究生温芳琪,牛津大学社会学系研究生周穆之,上海大学社会学院博士研究生陈伟等。

陈伟、范新光、贺光烨、洪岩璧、李忠路、缪佳、王佳、武玲蔚、许多多、曾东林、周穆之,以及香港科技大学社会科学部硕士研究生陈佳莹,上海大学社会学院硕士研究生梁海祥还协助主编做了大量的审校工作。格致出版社的编辑不遗余力地推动本丛书的继续出版,并且在这个过程中表现出极大的耐心和高度的专业精神。对他们付出的劳动,我在此致以诚挚的谢意。当然,每本书因本身内容和译者的行文风格有所差异,校对未免挂一漏万,术语的标准译法方面还有很大的改进空间。我们欢迎广大读者提出建设性的批评和建议,以便再版时修订。

我们希望本丛书的持续出版,能为进一步提升国内社会科学定量教学和研究水平作出一点贡献。

吴晓刚

于香港九龙清水湾

目录

序

线性回归模型是一个非常有效且重要的数据分析方法。研究人员着重解释因变量，将因变量看作由多个自变量 X_1 至 X_k 所组成的函数。当所有线性回归假设都符合该模型时，模型辨识、变量测量、普通最小二乘法（ordinary least squares, OLS）估计方程，这一切都很顺利。可是，当因变量有两个或三个分类的话，有几项假设就不符合了。以二分因变量为例，同方差、线性和正态性的假设都不能成立，OLS 的估计也无效。logistic 回归的最大似然估计就能解决这一问题，即将 $Y(1, 0)$转化成 logit（发生比的对数 log）。

梅纳德教授全面地解释了 logistic 回归模型的估计、解释和诊断结果。为了令读者能够从熟悉的事件过渡到新事物，他系统地把 logistic 回归与线性回归模型的 OLS 的 R^2、估计标准误差、t 比率和斜率做比较。传统回归诊断和学生化残差、杠杆、dbeta 都包括在创新的 logistic 诊断法内。最后仔细说明了多选项和不排序多分类因变量的问题。

本书讨论了对最新计算机软件的应用，如 SPSS10 NOMREG 用以分析名义变量比较好，SAS LOGISTIC 分析定序因变量比较好。本书更新了现今应用的计算机软件,同时深入评论了不同的拟合优度。梅纳德博士还提出令人信服的论据去说明 R_L^2 的优势,至少这能直接与 OLS 的 R^2 比较。他同时增加了新内容:分组数据、预测效率和风险比。

大量著作证明了线性回归的广泛应用,可是由于现实中的因变量很少会是连续的或定距的,因此,logistic 回归开始备受关注。首先出版的是德马里斯(DeMaris)的《对数模型》;接着是梅纳德的《应用 logistic 回归(第一版)》;以及潘帕(Pampel)的《logistic 回归简介》。本书从基本原理到技术应用都做了介绍,除此之外,还提及了当今最复杂的问题和方法。社会科学家要熟悉日新月异的知识,千万别错过梅纳德的这本书。

迈克尔·刘易斯-贝克

第1章

线性回归和应用 logistic 回归模型

只要两个变量的关系能用方程 $Y=\alpha+\beta X$ 来表达,那就有可能用线性回归分析去检视两者是否有线性相关,同时计算此相关的强度。Y 是被预测的变量,称为因变量、基准变量、结果变量或内生变量;X 是用来预测 Y 的变量,称为自变量、外生变量或预测变量[1];α 和 β 是总体参数的估计值,参数 α 称为截距,代表 $X=0$ 时 Y 的数值;参数 β 代表 X 增加一个单位时 Y 数值的变化,或是 X 预测 Y 的最佳直线斜率。多元回归含有几个自变量,假设 K 是自变量的数量,方程便是 $Y=\alpha+\beta_1X_1+\beta_2X_2+\cdots+\beta_kX_k$,而 β_1, β_2, $\cdots$, β_k 称为偏斜系数,即任何一个自变量 X_1, X_2, $\cdots$, X_K 只对 Y 值提供部分预测。有时方程会明确地显示出 X 对 Y 的预测并不精确,$Y=\alpha+\beta X+\varepsilon$,数个自变量的方程 $Y=\alpha+\beta_1X_1+\beta_2X_2+\cdots+\beta_kX_k+\varepsilon$,$\varepsilon$ 代表 X 预测 Y 时出现的误差,是一个随机变量。就个别个案 j,$Y_j=\alpha_j+\beta_jX_j+\varepsilon_j$ 或 $Y_j=\alpha_j+\beta_1X_{1j}+\beta_2X_{2j}+\cdots+\beta_kX_{kj}+\varepsilon_j$,$j$ 表示指定的第 j 个个案($j=1$ 代表第一个个案,$j=2$ 是第二个个案,如此类推)。Y_j、X_{1j}、X_{kj} 等代表因变量和自变量的特定值。上述的方程主要用来计算在个案 j 中,Y 的数值,多用于描述变量间的关系。

截距 α 和回归系数 β 的估计值是通过普通最小二乘法(OLS)计算出来的,这点在许多基础统计学的书中都被讨论过(Agresti & Finlay, 1997; Bohrnstedt & Knoke, 1994)。这些估计值所形成的方程 $\hat{Y}=a+bX$ (一个自变量)或 $\hat{Y}=a+b_1X_1+b_2X_2+\cdots+b_kX_k$ (多个自变量)中,$\hat{Y}$ 是 Y 的线性回归方程的预测值,a 是截距 α 的普通最小二乘法的估计值,b(或 b_1, b_2, …, b_k)是斜率 β(或 β_1, β_2, …, β_k)的普通最小二乘法的估计值。每个个案的残差 $e_j=(Y_j-\hat{Y}_j)$,其中 $\hat{Y}_j$ 是 Y 在个案 j 的估计值。二元回归的残差可以用二元散点图表示,即每一点和回归直线的垂直距离。多元回归的残差就比较难以用图形展示,因为它需要多维空间。

图 1.1 是二元回归模型的一个例子,其数据来自 1980 年第五次美国家庭调查,访问对象是 16 岁的青少年。图 1.1A,因变量 FRQMRJ5,即被访者自我报告的每年使用大麻的频率(在过去一年,你曾经吸过多少次大麻?);自变量 EDF5,即接触违法朋友的程度[2]。量度接触违法朋友的方法是将 8 个问题加起来,问受调查的青少年到底有多少个朋友曾被牵涉在不同的罪行当中(如偷窃、侵犯他人、药物滥用)。每题有 5 个选项,由 1(没有朋友)至 5(所有朋友),因而 EDF5 的总和是由 8 至 40。图 1.1A 显示接触违法朋友与大麻使用成正相关,方程如下:

$$(\text{FRQMRJ5})=-49.2+6.2(\text{EDF5})$$

换言之,接触违法朋友每增加一个单位,每年大麻使用频率就会随之增加约 6 倍,或每两个月增加一次。

决定系数 R^2 是指自变量能多准确地预测因变量。通过知道青少年接触违法朋友的数量,我们可根据 EDF5 的值和回

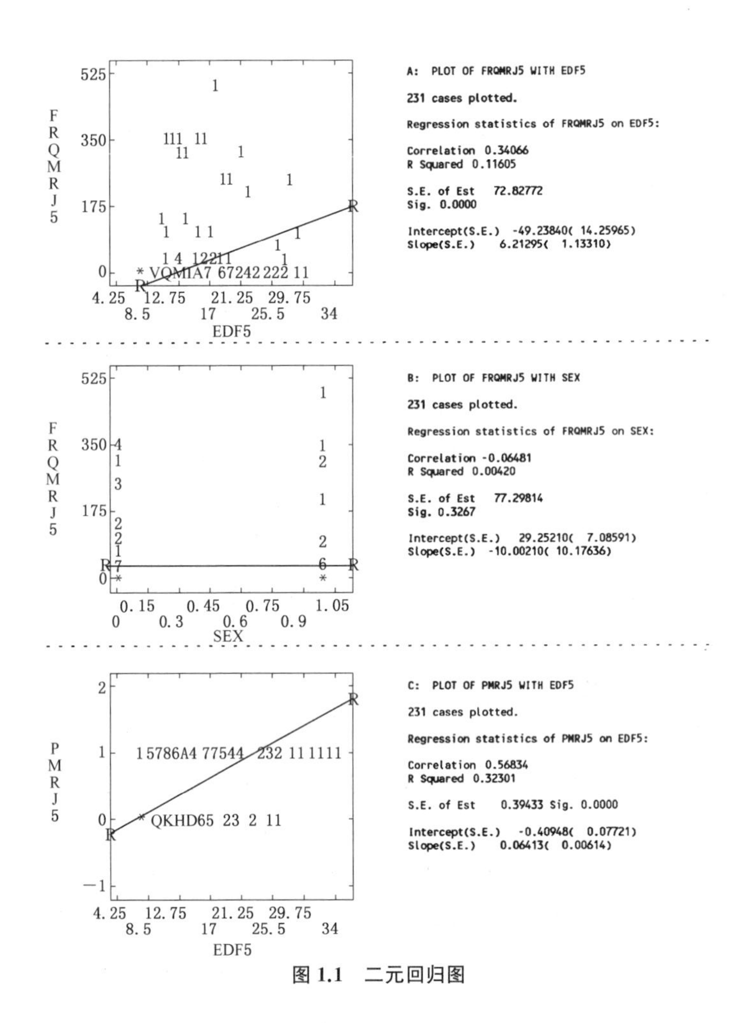

图 1.1　二元回归图

归方程去表现它与 FRQMRJ5 之间的关系。这一方法可减少大约 12%的预测平方误差总和。

$$\sum e_j^2 = \sum (\hat{Y}_j - Y_j)^2,\ R^2 = 0.116$$

当解释结果时,必须考虑因变量和自变量的真实数值。

截距指的是没有接触过违法朋友的人，其大麻使用频率为负数。出现这种不合理的数值是因为接触违法朋友的数值由 8（完全没有朋友涉及任何一项违法活动）至 40（所有朋友都涉及违法活动）。因此，当个别人的接触违法朋友的数值最小时，大麻使用的期望值应为 $-49.2+6.2(8)=0.4$，接近于 0，表示即使没有接触违法朋友的人，偶尔也会吸食大麻。这一研究样本的 EDF5 最大值是 29，相应的大麻使用的期望值为 $-49.2+6.2(29)=130.6$ 或每三天吸食一次大麻。这样，无论是从统计学或现实世界的角度看，这一数值都算合理。

第1节 | 回归假设

运用OLS估计或推算线性回归分析中的系数,必须符合以下假设。

1. 测量:所有自变量是定距、比例或二分的,因变量是连续的,没有限度,以及定距或比例尺度。所有变量没有量度误差。[3]

2. 模型设定:(1)分析中要包括与因变量相关的所有自变量;(2)分析中不能包含与因变量不相关的自变量;(3)线性相关(自变量和因变量可做转换)。

3. 误差的期望值:误差的期望值 $\varepsilon=0$。

4. 同方差:自变量的所有数值的误差、方差都相同或是常数。

5. 误差正态性:自变量的每组数值的误差呈正态分布。

6. 非自相关:自变量的不同值所产生的误差没有自相关。方程为 $\mathrm{Cov}(\varepsilon_i, \varepsilon_j)=0$。

7. 自变量与误差项不相关:自变量与误差没有相关性。方程为 $\mathrm{Cov}(\varepsilon_j, X_j)=0$。

8. 不存在多元共线性问题:在多元回归中,自变量之间不能出现完全的相关性。从数学的角度来说,对于任何一个 i,当 $R_i^2<1$ 时,R_i^2 是被其他自变量 $X_1, X_2, \cdots, X_{i-1}$,

X_{i+1}，…，X_k 所解释的自变量 X_i 的方差。当然，如果只有一个自变量，多元共线性就不成问题。

违反测量假设：二分变量的线性回归

线性回归模型可以轻易地延伸到二分预测变量，包括虚拟变量(Lewis-Beck，1980：66—71；Berry & Feldman，1985：64—75；Hardy，1993)。在图 1.1B 中，因变量仍旧是自我报告的每年大麻使用频率，但这次的自变量是性别(编号 0＝女性，1＝男性)。回归方程是：

$$(\mathrm{FRQMRJ5}) = 29.3 - 10.0(\mathrm{SEX})$$

此图包括两栏：一栏代表女性的大麻使用频率，另一栏代表男性的大麻使用频率。二分自变量的编号是 0 或 1，因此截距和斜率具有特殊的意义。

截距是当自变量为 0 时，因变量的预测数值(大致上是女性被访者)，但只有两组的话，截距是组别编号为 0(女性)的个案的平均大麻使用频率。斜率仍然是当自变量增加一个单位 Y 值的变化，但只有两类的话，该数值就变成第一组(女性)和第二组(男性)的平均差。斜率和截距的总和，29.3 －10.0 ＝19.3，就是第二组(男性)的平均大麻使用频率。图 1.1B 显示：女性的大麻使用率比男性高，但差距在统计上不显著(显著性是 0.326)。在图 1.1B 中，回归线只是连接男性与女性的平均大麻使用频率的一条线，分别是女性与男性大麻使用的条件平均数。[4]

当因变量是二分的，回归方程的解释就不那么直接。在

图 1.1C 中,自变量是接触违法朋友,因变量是大麻使用率:在过去一年是否吸食过大麻(是=1,否=0)。图 1.1C 出现两条平行的水平线,不像图 1.1B 的两栏数值。二元因变量(编号 0 或 1)的线性回归模型,称为线性概率模型(Agresti,1990:84; Aldrich & Nelson, 1984)。图 1.1C 的方程为:

$$PMRJ5 = -0.41 + 0.064(EDF5)$$

当因变量是二分时,其平均值就是某个个案落在两个分类中较高数值的概率函数。[5]将变量的分类编号 0 和 1,这意味着变量的平均值就是落在较高数值的个案比率。还有,因变量的预测值(在 X 的特定值和假设 X 和 Y 是线性相关的条件平均值)可解释为预测概率,也就是指某个个案在特定的自变量值下,落在因变量较高分类数值的概率。在理想状态下,我们希望预测概率在 0 至 1 之间,因为概率不会小于 0 或大于 1。

据图 1.1C,因变量的预测值可能高于或低于其本身的可能值。若 EDF5 为最小值 (EDF5 =8),预测大麻使用率(即大麻使用预测概率)便是 $-0.41+0.06(8)=0.10$,这是一个合理的结果。但若 EDF5 为最大值 (EDF5 =29),预测大麻使用概率便是 $-0.41+0.064(29)=1.45$,不可能存在一个接近 1.5 的概率。而且残差的变异性随着自变量的数目而变(Schroeder, Sjoquist & Stephan, 1986:79—80; Aldrich & Nelson, 1984:13),这种情况称为异方差,它表示虽然回归系数估计并没有偏差(没有系统性的过高或过低),但是从标准误差最小化的角度来看,这不是最好的估计。根据不同的 X 值,残差值会出现系统性的模式。参照图 1.1C,当 X 值大于

23.5,所有残差值便是负数,因为 $\hat{Y}_j$ 大于 Y_j(因为当 X 大于 23.5, $\hat{Y}_j$ 大于 1,但 Y_j 则小于或等于 1)。另外,由于残差不呈现正态分布(Schroeder et al., 1986:80),因而样本方差的估计也不会准确(Aldrich & Nelson, 1984:13—14),因此,回归系数的假设检验或置信区间都不会有效。

非线性、条件平均值和条件概率

当 X 与 Y 是线性相关且有某个特定的 X 值时,连续因变量 Y 的回归估计 $\hat{Y}$ 可视为 Y 的条件平均值的估计。在二元回归中,若自变量是连续的,Y 的估计值未必完全等于 Y 的平均值,因为对于不同的 X 值,Y 的条件平均值未必准确地落在一条直线上。若自变量是二分变量的话,回归线会穿过 X 的每个分类的对应 Y 的条件平均值。如果把 FRQMRJ5 的条件平均值对二分预测变量 SEX 画出来,该图上会有两点:男性和女性的 Y 的条件平均值(注意,个案是根据自变量的数值聚集在一起的)。最简便的方法就是把这两点用直线连在一起,同时会得到不错的线性回归模型。

图 1.2 显示二分因变量的内在非线性关系。图 1.2 是 PMRJ5 的观测条件平均值(即大麻使用率)与自变量 EDF5 间的关系,字母"C"代表观测条件平均值。因为 PMRJ5 的编号为 0 或 1,所以条件平均值代表 0 和 1 的平均值,这可被理解为条件概率。因此,图 1.2 是 PMRJ5 =1 对不同的 EDF5 值的概率图。在图 1.2 中,所有 Y 的观测值都在 0 和 1 两条水平线之间。从原则上讲,如果我们利用线性概率模型,预测概率就可以是无限大或无限小。

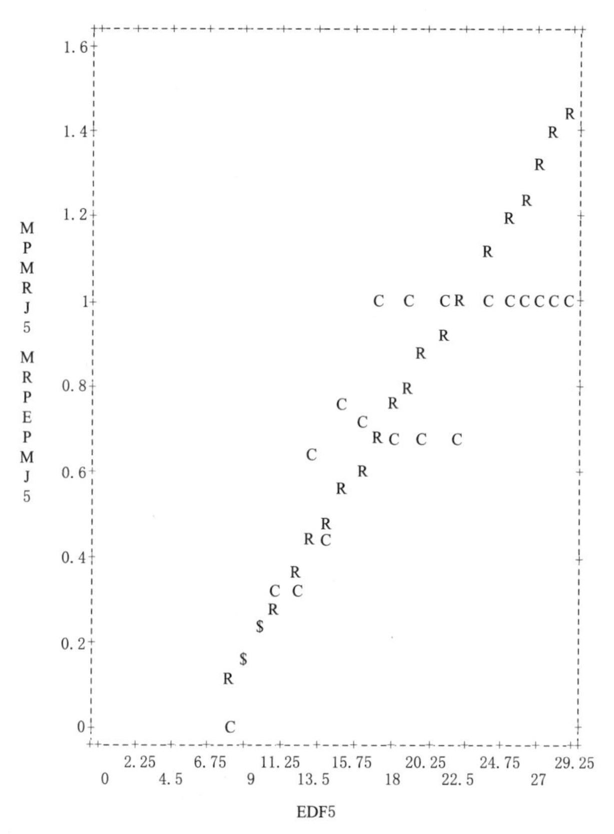

注:C:大麻使用率的观测平均值(MPMRJ5)对 EDF5(接触违法朋友)。
R:线性回归预测的大麻使用率(MRPEPMJ5)对 EDF5(接触违法朋友)。
$:重复出现(线性回归预测和观测一致)。21 个个案。

图 1.2 观测条件概率(C)和线性回归预测的条件概率(R)

据图 1.1C 的回归方程(R),图 1.2 的观测条件概率(C)图叠加于预测条件概率图之内。当 EDF5 大于 23.5 时,由于条件大麻使用率的平均观测值会在 PMRJ5 =1 停止,而回归方程的预测值于 PMRJ5= 1 后仍继续增加至最大值 1.45,因此,当 EDF5 由 23.5 增至最大值 29 时,其预测误差一直在增加。

图 1.2 中有两点值得注意。第一，虽然线性模型可能适用于连续性的因变量，不管自变量是连续的还是二分的，证据都显示非线性回归更适合二分变量 PMRJ5。一般而言，对很高的 X 值（或很低时，如果为负相关）来说，条件概率 $Y=1$ 将会非常接近 1，而且当 X 继续增加时，条件概率的改变会较小。图 1.2 解释了这点。同时，X 值很低（或很高时，如果为负相关），条件概率 $Y=1$ 将会非常接近 0，而且当 X 继续减少时，条件概率的改变会非常小。因此，代表 X 和 Y 的关系的曲线应变得平滑，当 X 值很高和很低、斜率接近于 0 时，原则上是趋向无限大或无限小。如果 X 和 Y 相关，在很高与很低的 X 值的中间，曲线斜率就会变得更陡些，与 0 有明显的区别，通常会出现图 1.3 的 S 曲线图。

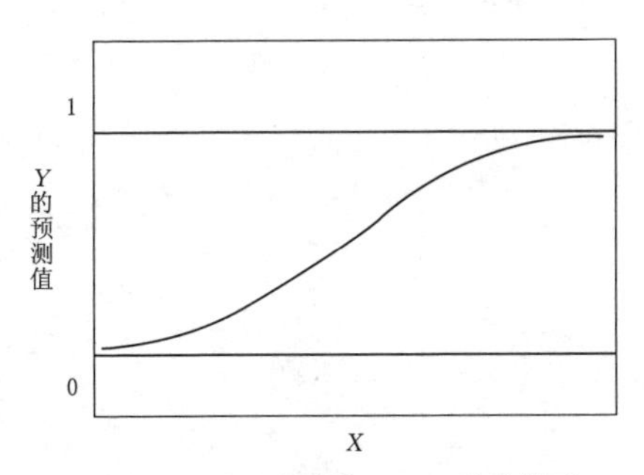

图 1.3　二分因变量的 logistic 曲线模型

第二，对整体数据而言，Y 的观测条件平均值等于 $Y=1$ 的观测条件概率，同时，Y 的预测值等于 $Y=1$ 的预测条件概率。Y 的两个类别的数值是随意编写的，可以是 0 和 1 或 2 和 3（在这种情况下，Y 的预测值等于 2 加上条件概率 $Y=3$，仍然是条件概率函数，而在特定 X 值下，Y 值为其两个数值中较高的一个)。Y 本身的数值并不重要,然而,Y 值为其两个可能值的其中一个或另一个的概率在一定程度上依赖于一个或多个自变量。

利用 OLS 线性回归去分辨 Y 随意编号数字与 Y 出现其两个值其中一个的概率是很困难的。因此,我们需要思考用别的方法去描述 X 和 Y 的关系并估计其参数。首先是非线性。当连续自变量 X 和因变量 Y 出现非线性关系时,可以应用非线性转换的方法(Berry & Feldman, 1985)。相似的方法也可应用于二分因变量。

第2节 | 非线性关系和变量转换

当变量的关系呈非线性时，可转换因变量或一个或多个自变量，这时因变量与自变量的实质关系仍是非线性的，只是形式上呈线性，可以用 OLS 估计来分析。换句话说，虽然变量间的关系是非线性的，但参数间的关系可以是线性的(Berry & Feldman，1985：53)。贝里和费尔德曼(Berry & Feldman，1985：55—72)以及刘易斯-贝克(Lewis-Beck，1980：43—47)都曾举例说明通过变量转换而形成的线性关系。

图 1.2 有很多证据显示了大麻使用频率和接触违法朋友呈非线性相关。其中一个可能的转换是将因变量 FRQMRJ5 做对数变换[6]，即加 1 后取自然对数(加 1 是为了避免 0 的自然对数)。回归方程为 $\ln(Y+1)=\alpha+\beta X$，或 $(Y+1)=e^{\alpha+\beta X}$ 或 $Y=e^{\alpha+\beta X}-1$，$e=2.72$ 是自然对数的基数。在上述例子中，大麻使用频率和接触违法朋友的关系方程为：

$$\ln(\text{FRQMRJ5}+1)=-1.7+0.23(\text{EDF5}),\ R^2=0.32.$$

比较图 1.1A 未转换的模型和对数变换模型的结果，其斜率仍为正数，但数值不同(因为因变量的单位由频率改为对数频率)。

当因变量转换后，转换模型的决定系数由 0.12 增加至

0.32,反映出这种线性模型较好。证据(不是结论,只是证据而已)显示大麻使用频率和接触违法朋友是非线性的关系。相同的结果也出现在二分预测变量/自变量—性别和大麻使用频率的关系中。在转换方程中,因变量做对数变换,可解释方差由微弱的 0.004 增加至普通的 0.028,性别和大麻使用频率的关系也在统计上呈显著($p=0.011$)。虽然大麻使用频率和两个预测变量都是非线性关系,但是,我们仍可用线性模型和 OLS 去估计模型中的参数。

第 3 节 | 二分因变量的概率、发生比、优比和 logit 转换

正如上文所述，二分因变量的数值是随意加上的数字，数字本身并不是问题的真正趣味所在。真正有趣的是个案的分类，即个案是属于因变量的哪个组别？是否能被自变量所预测？与其预测分类组别的随意数值，更有用的方法是重构问题，预测个案被分类到两组之中的一组（与另一组相反）的概率。因为分到第一或较小数值的组别（$P[Y=0]$）的概率等于 1 减去分到第二或较大数值的组别（$P[Y=1]$）的概率，所以如果我们知道其中一个概率，就会知道另一个：$P(Y=0)=1-P(Y=1)$。

虽然我们可利用 $P(Y=1)=\alpha+\beta X$ 得出 $Y=1$ 的概率，但随之又出现另一个问题，$P(Y=1)$ 的观测值必须在 0 至 1 之间，预测值却可能小于 0 或大于 1。解决方法是把 $Y=1$ 的概率换成 $Y=1$ 的发生比。$Y=1$ 的发生比，写成 $\text{odds}(Y=1)$，即 $Y=1$ 的概率与 $Y\neq 1$ 的概率之比。$Y=1$ 的发生比等于 $P(Y=1)/[1-P(Y=1)]$。与概率 $P(Y=1)$ 不同，发生比没有固定的最大值，但有最小值 0。

原则上，进一步转换发生比的变量，其范围是由负无限至正无限。发生比的自然对数，$\ln\{P(Y=1)/[1-P(Y=$

1)]},称为 Y 的 logit,写成 logit(Y),当发生比由 1 减至 0,在 logit(Y)变成负数的同时,其绝对值会增加;当发生比由 1 增至无限,logit(Y)向正数方向增加。如果我们采用 $Y=1$ 的发生比的自然对数作为因变量,就不会遇到估计概率超出概率的最高或最低范围的问题。因变量和自变量的方程为:

$$\text{logit}(Y)=\alpha+\beta_1 X_1+\beta_2 X_2+\cdots+\beta_k X_k \qquad [1.1]$$

我们可以以指数方式将 logit(Y)转换成发生比,计算出 $\text{odds}(Y=1)=e^{\text{logit}(Y)}$。其结果是:

$$\text{odds}(Y=1)=e^{\ln[\text{odds}(Y=1)]}=e^{(\alpha+\beta_1 X_1+\beta_2 X_2+\cdots+\beta_k X_k)} \qquad [1.2]$$

$Y=1$ 的发生比是随着 X 每一单位的改变乘以 e^{β}。然后,我们可应用方程 P(Y=1)=(Y=1 的发生比)/[1+(Y=1 的发生比)]将发生比转换成概率,即 $Y=1$ 的概率等于 $Y=1$ 的发生比除以 1 加上 $Y=1$ 的发生比。方程为:

$$\text{P}(Y=1)=\frac{e^{(\alpha+\beta_1 X_1+\beta_2 X_2+\cdots+\beta_k X_k)}}{1+e^{(\alpha+\beta_1 X_1+\beta_2 X_2+\cdots+\beta_k X_k)}} \qquad [1.3]$$

概率、发生比和 logit 是以三种不同方式去表达同一样东西。在这三种量度中,概率或发生比可能最易理解。在数学中,概率的 logit 能最有效地帮助我们分析二分因变量。正如我们对连续因变量(大麻使用频率)取自然对数去修正大麻使用频率与接触违法朋友的非线性关系一样,我们也可以对二分因变量(大麻使用频率)做 logit 转换,去修正大麻使用频率与接触违法朋友的非线性关系。

任何一个特定的个案,logit(Y)=±∞。这保证了模型(方程 1.3)的估计概率不会小于 0 或大于 1,但它也意味着因为线性模型(方程 1.1)中的因变量有无限大或无限小的数值，OLS 无法预测参数。取而代之，最大似然法能充分利用函数值，在指定自变量和参数 α，β_1，β_2，…，β_k 中，对数似然函数可显示得到 Y 观测值的可能性。与 OLS 可直接算出参数的答案不同，logistic 回归模型先用一个暂定的答案，稍做修订后再重新估计，看看是否有改善，不断重复以上过程直至其中一个步骤与下一个步骤改变的结果差异微小到可被忽略为止。这个估计、检验、再估计的重复过程称为迭代，从重复估计而得出一个答案的过程称为迭代过程。当似然函数从一步到下一步所做的改变可被忽略，即称为收敛。所有过程由特定设计的计算机程序处理，去查找指定的最好参数集以最大化对数函数。当 OLS 的假设完全符合时，OLS 线性估计的参数与最大似然法的估计是一致的（Eliason，1993：13—18）。换言之，OLS 是最大似然法的一个特定的情况，也可以无须迭代而直接得出一个答案的估计方法。

第 4 节 | logistic 回归:导论

图 1.1C 显示了大麻使用率(PMRJ5)与接触违法朋友(EDF5)的 OLS 线性回归的分析结果。图 1.4 展示这两个相同变量的二元 logistic 回归的分析结果。这是 SPSS logistic 回归的输出结果:

部分 SPSS 的输出被删除但没有加入任何东西。图 1.4 中的大麻使用率的对数方程是:

$$\text{logit}(\text{PMRJ5}) = -5.487 + 0.407(\text{EDF5})$$

图 1.4 展示了其他几种统计资料,这些将于下文再做讨论。注意,logistic 回归包括:(1)模型的拟合优度的统计概要(模型系数综合检测和模型概要);(2)根据个案回答是否使用大麻,比较其观测值与预测值(或分类);(3)logistic 回归参数(B)的估计值,与其他参数的统计资料(方程中的变量);(4)使用大麻的观测(是=1,否=0)与预测概率的图(观测和预测概率)。

图 1.5 分别指出 logistic 回归的预测和观测条件概率(或同等的条件平均值)。观测条件概率用字母"C"表示,预测条件概率用字母"L"表示。在图 1.2 中,线性回归的预测概率是一条直线,当 EDF5 大于 23.5 时,使用大麻的预测条件概

```
logistic regression pmrj5 with edf5/method=enter edf5/method=bstep(lr)/print=def/classplot/
      save=pred(lpepmrj5).
```

Omnibus Tests of Model Coefficients

		Chi-square	df	Sig.
Step 1	Step	85.359	1	0.000
	Block	85.359	1	0.000
	Model	85.359	1	0.000

Classification Table(a)

			Predicted		
			PMRJ5		Percentage Correct
	Observed		no	yes	
Step 1	PMRJ5	no	136	14	90.7
		yes	37	44	54.3
	Overall Percentage				77.9

a The cut value is 0.500

Model Summary

Step	-2 Log likelihood	Cox & Snell R Square	Nagelkerke R Square
1	213.947	0.309	0.425

Variables in the Equation

		B	S.E.	Wald	df	Sig.	Exp(B)
Step 1(a)	EDF5	0.407	0.058	48.546	1	0.000	1.502
	Constant	-5.487	0.710	59.732	1	0.000	0.004

a Variable(s) entered on step 1: EDF5.

Hosmer and Lemeshow Test

Step	Chi-square	df	Sig.
1	9.875	6	0.130

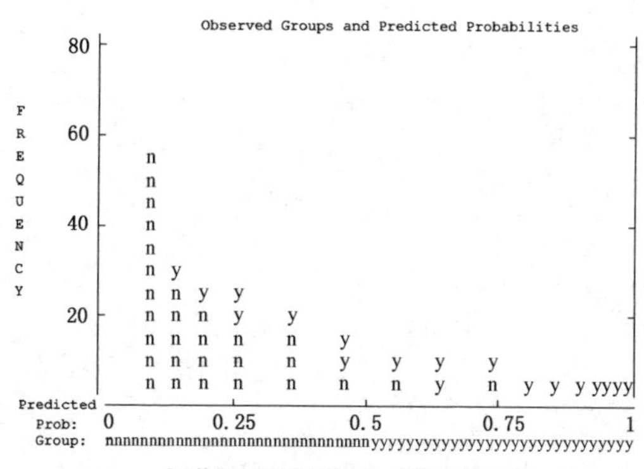

Predicted Probability is of Membership for yes
The Cut Value is 0.50
Symbols: n - no
y - yes
Each Symbol Represents 5 Cases.

图 1.4 大麻使用率的二元 logistic 回归

率会大于 1。观测条件概率不像预测条件概率,会止于 1。在图 1.5 中,logistic 回归分析中的条件概率介于 0 至 1 之间,预测概率的曲线图形随着观测条件概率而变,这曲线类似图

1.3 的右半条。如图所示，利用 logistic 回归来预测因变量、观测和预测条件平均数的联系较紧密。

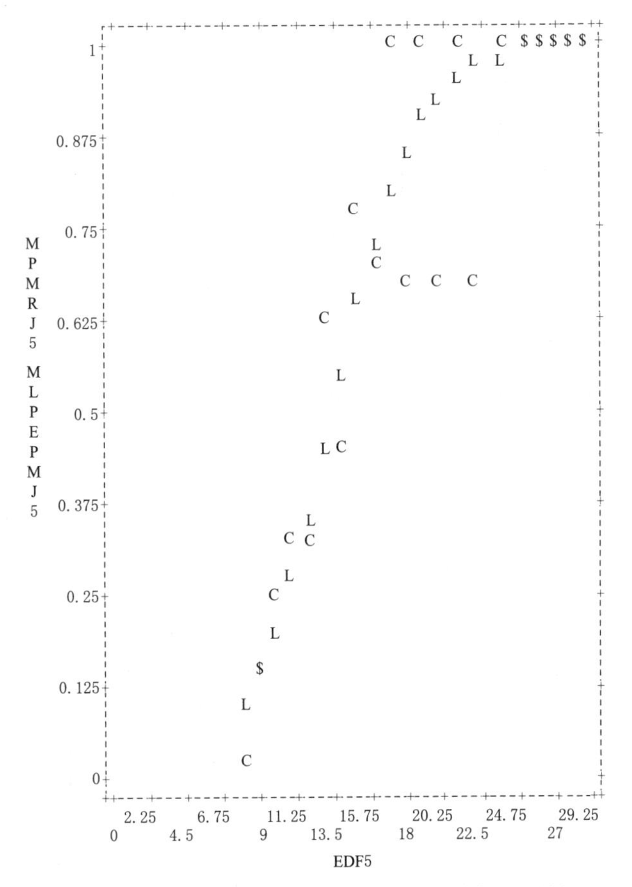

注：C：大麻普及率的观测平均值(MPMRJ5)对 EDF5(接触违法朋友)。

L：logistic 回归预测的大麻普及率(MLPEPMRJ5)对 EDF5(接触违法朋友)。

$：重复出现(线性回归预测和观测一致)。21 个个案。

图 1.5　条件概率：观测条件概率(C)与 logistic 回归预测的条件概率(L)

第2章

评估 logistic 回归模型的统计概要

当我们评估一个线性回归模型时,其标准通常有三部分。第一,整体模型是否可行?我们有没有信心认为所有自变量与因变量相关,而这种相关性是否是出乎预期的巧合或是随机的样本变异呢?如果相关,强度有多大?第二,如果整体模型是可行的,每个自变量的重要性如何?变量间的相关是否基于随机的样本变异?如果不是,每个自变量对因变量又有多大的预测力?自变量是强还是弱、好还是差?第三,模型形式是否正确?是否符合模型假设?在这一章,我们会先说明第一个问题——模型的整体合适度。第 3 章将讨论每个自变量的贡献,第 4 章将讨论检验模型的假设检验。

关于线性回归分析我们需要明白:(1)集合所有自变量的已知数值是否能更好地预测因变量。如果是,(2)所有自变量集合起来能多有效地解释因变量。对于 logistic 回归,我们感兴趣的是正确与错误预测的频率,以及模型能有效地减少预测误差。在线性回归中,当因变量是定距或定比变量时,其预测值不完全等于观测值,这并不奇怪。在 logistic 回归中,因变量只含几个可能数值(通常只有两项),比起预测值有多接近其观测值(0 或 1)(预测条件平均数等于预测条件概率),我们有时更关注预测的准确度。

第 1 节 | R^2, F 和误差平方和

在线性回归分析中,整体模型的评估是基于两个平方和。如果我们想把预测的误差平方和降到最低,同时,如果我们只知道因变量的数值(但不是这些数值属于的个案),我们可以用 $\overline{Y}-Y$ 的平均值,作为所有个案的 Y 预测值,以减少预测的误差平方和。基于这样的预测,误差平方和将会是 $\sum(Y_j-\overline{Y})^2$—总平方和(Total Sum of Squares, SST)。如果自变量能有效地预测 Y,则 $\hat{Y}_j$ —回归方程计算出来的 Y 预测值(Y 的条件平均值)将会比 $\overline{Y}$ 值好,其误差平方和 $\sum(Y_j-\hat{Y}_j)^2$ 将比 Y 平均值的误差平方和 $\sum(Y_j-\overline{Y})^2$ 小。$\sum(Y_j-\hat{Y}_j)^2$ 称为误差平方和(Error Sum of Squares, SSE),是 OLS 所选取参数(β_1, β_2, …, β_k)算出的最小数值。第三个平方和,回归平方和(Regression Sum of Squares, SSR)是 SST 和 SSE 之差: SSR=SST−SSE。

在样本分析中,即使自变量 X 与 Y 并不相关,但如果用回归方程去预测 Y_j 的数值,预测误差可能会比 $\overline{Y}$ 明显减少。这是因为抽样方差所形成的现象,样本值的随机波动有可能导致两个变量出现相关性,尽管它们实际是不相关的。多元 F 检验用 $\hat{Y}$ 去预测比 $\overline{Y}$ 好,是否是因为样本的随机变异?

具体地说,多元 F 检验两个等同的假设:H_0:$R^2=0$ 和 H_0:$\beta_1=\beta_2=\cdots=\beta_k=0$。对于 OLS 线性回归,$F$ 比率(N 个个案和 K 个自变量)的计算方法如下:

$$F=(\mathrm{SSR}/k)/[\mathrm{SSE}/(N-k-1)]$$
$$=(N-k-1)\mathrm{SSR}/(k)\mathrm{SSE}$$

F 比率的统计意义(p)指的是当原假设成立时,算出的 R^2 等于观测的 R^2,或算出的 β 系数等于观测的 β 系数的概率。如果 p 值很小(通常小于 0.05,也可以选其他 p 值),我们拒绝原假设并得出自变量与因变量的相关并非出于偶然。如果 p 大于 0.05 的话,我们不能拒绝原假设,则结论是没有足够的证据去肯定模型已解释的方差不是基于样本的随机变异,这并非表示我们认为变量之间没有相关性,即使有相关性,我们也没有足够的信心去肯定它真的存在。

决定系数或 R^2,或"已解释方差"(已解释方差的比例)是一个实质意义的指标,即我们关心的变量的关系是否"足够大"或"足够强"。R^2 是误差减少的比例的统计指标,它量度的是相对于预测平均值 $\overline{Y}$,利用回归方程式能减少预测误差的比例(或乘以 100 变成百分比)。R^2 的数值介于 0(自变量完全没用)至 1(自变量能完美地预测每个 Y_j)。R^2 的计算方法如下:

$$R^2=\mathrm{SSR}/\mathrm{SST}=(\mathrm{SST}-\mathrm{SSE})/\mathrm{SST}=1-(\mathrm{SSE}/\mathrm{SST})$$

F 比率和 R^2 可表达成另一个函数:$F=(R^2/k)/[(1-R^2)/(N-k-1)]$ 和 $R^2=kF/(kF+N-k-1)$。

在一个大的样本中,变量间的关系很可能出现统计显著性($p\leqslant 0.0001$),但 R^2 却没有实质意义(例如,$R^2\leqslant$

0.005)。如果自变量只能解释小于0.5%的因变量方差,一般可忽略,尽管我们相当肯定所解释的方差并非出于随机的样本变异。小样本的变量关系很可能有实际的意义(例如,$R^2 \geqslant 0.4$),但没有呈现统计显著性。虽然变量关系呈现中等强度(已解释方差是0.40,或减少40%的预测误差),但是我们没有足够的个案数量去证明这个结果不是基于随机的样本变异。

第 2 节 | 拟合优度:G_M, R_L^2 和对数似然

类似 logistic 回归模型的 F 和 R^2,误差平方和是线性回归模型选择参数的准则,而对数似然则是 logistic 回归模型选择参数的准则。在显示对数似然的资料时,统计软件通常把它乘以-2,原因我们稍后再谈。对数似然乘以-2 可简写为-2LL。对数似然是负数,-2LL 是正数,其数值越大,表示因变量预测越差。只含截距的 logistic 回归模型的-2LL 数值,在 SPSS LOGISTIC REGRESSION的输出中,就是模型系数综合检验表内的卡方统计加上模型概要表的对数似然值的-2倍(见图 1.4)。在 SPSS NOMREG 和 PLUM 中,这一数值已出现在模型拟合数据表中,详情稍后再讨论。在 SAS 的输出中,也就是 SAS PROC LOGISTIC 的“只有截距”栏中的-2LOG L。“只有截距”或首个-2LL,写成 D_0,表示没有任何自变量方程的对数似然值的-2 倍,类似于线性回归模型的总平方和。对于二分因变量(编号为 0 或 1),如果 $n_{Y=1}$ 是 $Y=1$ 的个案数量,N 是个案的总数, $\mathrm{P}(Y=1)=n_{Y=1}/N$ 就是 $Y=1$ 的概率,那么:

$$D_0=-2\{n_{Y=1}\ln[\mathrm{P}(Y=1)]+(N-n_{Y=1})\ln[1-\mathrm{P}(Y=1)]\}$$

$$=-2\{(n_{Y=1})\ln[P(Y=1)+(n_{Y=0})\ln[P(Y=0)]\}$$

logistic回归模型的$-2LL$，包括自变量和截距，就是SPSS LOGISTIC REGRESSION模型概要表中的-2对数似然值，也就是SPSS NOMREG和PLUM模型拟合数据表中最终模型的-2对数似然值，以及SAS PROC LOGISTIC的“截距和协变量”栏的-2LOG L统计称为全模型的D_M。D_M类似于线性回归中的误差平方和。logistic回归分析中最类似线性回归的回归平方和就是D_0与D_M之间的差异（D_0-D_M），叫作模型卡方（在SPSS LOGISTIC REGRESSION的综合检验表中），或最后模型的卡方（在SPSS NOMREG和PLUM的模型拟合数据表中），或-2LOG L（在SAS PROC LOGISTIC的“协变量卡方”栏中）。它被称为G_M或模型χ^2。

在logistic回归（和其他线性模型）中，两个对数似然值之差乘以-2，可解释为χ^2统计。如果它们来自两个不同的模型，而且其中一个嵌套在另一个模型中（McCullagh & Nelder, 1989），即第一个模型包括第二个模型的部分但非全部的预测变量，同时又不包括第二个模型没有的预测变量。换言之，第一个模型的预测变量就是第二个模型的一个子集。D_M可直接解释为第一个模型（只含截距）和第二个模型（包含截距和一个或多个预测变量）之间的差别。卡方统计D_M可检验logistic回归的原假设（$\beta_1=\beta_2=\cdots=\beta_k=0$）。如果$D_M$统计上有显著性（$p<0.05$），我们可以拒绝原假设并得出结论，比起不包含任何自变量，包含变量的模型能对$P(Y=h)$有更好的预测（h是特定值，通常是二分因变量的1）。因此，D_M就像线性回归中的多元变量F检验和回归平方和。

麦卡拉和内尔德(McCullagh & Nelder, 1989)等人提到的“偏差行为”(当讲到使用大麻的例子时,这一术语就很容易混淆,所以,后文会尽量避免),D_M 总是用于测量拟合优度,是检测 logistic 回归模型未解释方差的统计意义的检验,类似于检验 OLS 回归模型的未解释方差的统计意义。打个比喻,G_M 是问这个杯子有多满(预测变量能多有效地预测因变量),而 D_M 是问这个杯子有多空。G_M 是比较只含截距模型与全模型(这一模型包括所有预测变量),D_M 是比较全模型与饱和模型包括所有预测变量及可能的交互项。旧版的 SPSS LOGISTIC REGRESSION 是假定 D_M 接近 χ^2 分布和不同程度的统计显著性,但将 D_M 作为 χ^2 统计出现的问题,就是用不同的方法去定义饱和模型,会导致不同的 D_M 值和不同的自由度(Simonoff, 1998)。

西蒙诺夫(Simonoff, 1998)简略地说明了两种方法:一种以个案为主,这是 SPSS LOGISTIC REGRESSION 和 SAS PROC LOGISTIC 采用的方法,它将每个个案设定为相互独立的,自由度为 1。另一种方法是列联表法,它将每个预测变量值的组合或共变规则作为交叉列表,分析每一格,根据共变规则的数目(列联表的格数)而非个案的数目去计算自由度。无论哪一种方法,如果每格的个案数目太小或存在过多空格,在一般情况下,D_M 都不会呈 χ^2 分布,因此不适合用 χ^2 统计去检验拟合优度(McCullagh & Nelder, 1989; Simonoff, 1998)。如果有大量与共变规则的数目和每格中的个案数目相关的案例,就可能被定义为一个合适的饱和模型,同时可以计算偏离统计。偏离统计是呈 χ^2 分析,自由度是根据列联表方法修正得出的。这就是 SPSS NOMREG 和

PLUM 采用的，两者都可分析二分变量和含有多于两类的名义或定序变量。NOMREG 和 PLUM 的拟合优度信息中含有皮尔逊(Pearson)和偏离 χ^2 统计，后者是基于－2 的对数似然值。

就个体层次的数据而言，仍有可能去建立一个拟合优度指标。二分因变量最常用的是霍斯默和莱默苏(Hosmer & Lemeshow，1989)的拟合优度指标 $\hat{C}$，SPSS LOGISTIC REGRESSION 或 SAS PROC LOGISTIC 都有。霍斯默和莱默苏的拟合优度指标将数据压缩到小数点，并且基于对某兴趣特质预测的几率(例如成为吸食大麻的人)。另一些可能的拟合优度指标包括赤池信息量准则(Akaike information criterion，AIC)和施瓦兹准则(AIC 的修订版)，这两个在 SAS PROC LOGISTIC 中都有显示。统计分数(例如 G_M)是模型自变量的综合效果的统计意义检验。博伦(Bollen，1989)曾简单地介绍过赤池信息量准则和施瓦兹准则，这是用于比较模型的相关指针，多用于提供模型拟合的检验，我们可以比较拟合模型的赤池信息量准则和施瓦兹准则，以及只有截距模型的赤池信息量准则和施瓦兹准则，这比 G_M 能提供更多的数据。

对某些研究人员，特别是对对数线性模型或一般线性模型有一定认识，或是倾向于理论研究的人士，拟合优度将是一个重要的考虑。如果 logistic 回归模型的目标(单一因变量的预测)与应用焦点、线性与 logistic 回归的比喻都一致，很多时候都会集中讨论 G_M。

自变量与因变量多元关系的测量

前面已提到数个 logistic 回归中与线性回归 R^2 类同的

比喻。哈格和米切尔(Hagle & Mitchell, 1992)、梅纳德(Menard, 2000)、维尔和齐默尔曼(Veall & Zimmerman, 1996)的著作中有更详细的介绍。现在的焦点是 R^2,一般常见的软件如 SAS 和 SPSS 都会给出,决定系数的几个常见类别也会有比较。如果我们保留 logistic 回归的 $-2LL$ 统计量和线性回归解释平方和/误差平方和,SSR/SST 的直接模拟统计量就是似然比 R^2, $R_L^2 = G_M/(D_0) = G_M/(G_M + D_M)$ (McFadden, 1974; Agresti, 1990: 110—111; DeMaris, 1992: 53; Hosmer & Lemeshow, 1989: 148; Knoke & Burke, 1980:41; Menard, 2000)。R_L^2 是量度 $-2LL$ 减少的比例或对数似然值绝对值减少的比率,$-2LL$ 或对数似然绝对值,最小的数值是用以选择模型参数——作为“变异”的量度(Nagelkerke, 1991),虽不是完全与 OLS 回归中的变异一致,但也可做模拟。R_L^2 表示模型包含的自变量可以降低的方差,可以用 D_0 表示。这个变异介于 0($G_M=0$ 的模型, $D_M = D_0$, 表示自变量无法预测到因变量)和 1($G_M = D_0$ 的模型, $D_M=0$, 表示自变量能完美地预测因变量)之间。R_L^2 可从 SPSS 的 NOMREG 和 PLUM 的输出结果中直接得到伪 R^2 表中的 McFadden R^2。奇怪的是,就发生比而言,SPSS LOGISTIC REGRESSION 并没有输出比值(至少在撰写本文时尚如此),R_L^2 必须从 D_0(或 D_M)和 D_M 中自行计算出来[7]。

现在 SPSS 和 SAS 用的两个量度是:(1)每个观测改善数值的平均值的平方 $R_M^2 = 1-(L_0/L_M)^{2/N}$, L_0 是只含截距模型的对数似然函数,L_M 是包括所有预测变量的对数似然函数,N 是总个案数(Cox & Snell, 1989; Maddala, 1983: 39—40);(2)调整后每个观测所改善的平均值的平方 R_N^2

(Cragge & Uhler, 1970; Maddala, 1983:40; Nagelkerke, 1991)。未调整的量度不会有1的数值,即使模型是完美的;调整后利用除以 R^2_M 在某特定的因变量和特定最大可能值的量度允许有1的数值: $R^2_N=[1-(L_0/L_M)^{2/N}]/[1-(L_0)^{2/N}]=R^2_M/(R^2_M$ 的最大可能值)。在 SPSS LOGISTIC REGRESION 中,R^2_M 和 R^2_N 分别是模型概要中的 Cox-Snell 和 Nagelkerke R^2,或 SPSS NOMREG 和 PLUM 输出的 Pseudo-R^2 表中的 Cox-Snell 和 Nagelkerke 的伪 R^2。在 SAS PROC LOGISTIC,它们只简单地写作 R^2 和调整后的 R^2。

一系列可替代的 R^2_L,包括奥尔德里奇和纳尔逊(Aldrich & Nelson, 1984)在 logit 模型和 probit 模型中提出的伪 R^2 或偶然系数 R^2_C;沃尔德(Wald)R^2_W(Magee, 1990),以及麦凯尔维-扎沃纳(McKelvey & Zavoina, 1975)R^2_{MZ}。沿用本文的符号,如果 N 是个案数量,则 $R^2_C=G_M/(G_M+N)$。沃尔德 $R^2_W=W/(W+N)$,W 是多元沃尔德统计。麦凯尔维-扎沃纳的概率模型 $R^2_{MZ}=s^2_{\hat{Y}}/(s^2_{\hat{Y}}+1)$(最早发展出来的)或 logit 或 logistic 回归模型的 $R^2_{MZ}=s^2_{\hat{Y}}/(s^2_{\hat{Y}}+\pi^2/3)$,$s^2_{\hat{Y}}$ 是 $\hat{Y}$(Y 的预测值)的方差,1 和 $\pi^2/3$ 分别是标准正态分布(standard normal distribution)和 logistic 分布(logistic distribution)的标准差。这些量度都有共同的特征,他们均不能有数值1——完美模型。哈格和米切尔(Hagel & Mitchell, 1992)修正了奥尔德里奇和纳尔逊的伪 R^2 可以由0至1;从理论上讲,这个方法同样能应用在沃尔德和麦凯尔维-扎沃纳量度中。

哈格和米切尔也提出,修正后的 R^2_C 能对 OLS 回归提供一个好的估计值,维尔和齐默尔曼提出,麦凯尔维-扎沃纳 R^2_{MZ}也有同样的结果。当二分因变量代表一个潜在间距的量表时,这个例子有数个不同的代替,包括利用线性概率模型的可能性(因为限制二分潜在间距量表的数值不太真实);多元相关和加权最小平方估值应用于较为复杂的结构方程模型(Jöreskog & Sörbom, 1993); R^2 量度因变量的观测值和预测值的相关强度。

R^2 是 OLS 线性回归分析常见的判定系数,在 logistic 回归的文献中相对比较少被关注(Agresti, 1990:111—112),其在 logistic 回归中的应用也颇受质疑。因为不同于 R^2_L、奥尔德里奇和纳尔逊的伪 R^2,它不是基于选取模型参数的准则,而且如果二分因变量是一个潜在变量的量度指标的话,R^2 会提供一个偏离的解释方差估计。但 R^2 有不能完全为 R^2_L 所取代的优势,它可补充自变量与因变量间的关系。R^2 还有以下几项优势:第一,当预测观察值为某特定值时(代替预测观察概率,因变量等于该值),R^2 允许 logistic 回归分析模型与线性概率、方差分析和判别分析模型做直接比较;第二,R^2 对计算标准 logistic 回归系数很有用;第三,现时的统计软件相对比较容易计算出来。

SPSS 和 SAS 是怎样计算 logistic 回归的 R^2 呢?假设因变量 Y,并假设以变量 LPREDY 来表示要用 logistic 回归模型来预测的 Y 值。为了获取 R^2,SPSS 和 SAS 中保存因变量的预测值:在 SPSS 中设定 SPSS LOGISTIC REGRESSION (SAVE=PRED[LPREDY]),或在 SAS 中设定 SAS PROC LOGISTIC(OUTPUT PRED=LPREDY)。接着,使用二元或多元回归步骤(例如 SPSS REGRESSION 或 SAS PROC

REG)去计算 R^2。另外,可用方差分析去计算 η^2 或 η(SPSS MEANS 或 ANOVA; SAS PROC GLM 或 ANOVA),因变量 Y 的观测值作为自变量,Y 预测变量 LPREDY 为因变量。因为这里只有两个变量(Y 是一个变量,Y 预测值是另一个变量),所以 $\eta^2=R^2$,两者可互相变换。η^2 的角色可在因变量 Y 与其预测值之间互相变换(基于自变量值),虽然听起来有点怪,但是计算方法的确与判别分析的典型相关一致(Klecka, 1980)。

根据各量度的不同特性,笔者认为(Menard, 2000),R_L^2 最适合 logistic 回归[8],第一,也是最重要的,相对于 R^2, R_W^2 和 R_{MZ}^2, R_L^2 在概念上最接近于 OLS 的 R^2,它反映最小的减少比例(−2LL;等同于最大的对数似然)。与那些依赖样本大小和对数似然或−2LL(R_M^2, R_N^2, R_C^2)不同,R_L^2 只依赖那些被放到最大或缩到最小的数值。第二,R_L^2 对基准比率的敏感度不大,基准比率指的是个案特质的比率(例如,是不是吸食大麻者)。证据显示 R_M^2, R_N^2, R_C^2 和 R^2 均有不好的特质,它们会随着基准比率(哪个比较小,$n_{Y=1}/N$ 或 $n_{Y=0}/N$)由 0 增加至 0.5 而上升,所以有人开玩笑说,样本大小可当作决定系数来量度解释方差(Menard, 2000:23)。第三,R_L^2 不像未调整的 R_W^2, R_C^2 和 R_{MZ}^2,它介于 0 至 1 之间,0 代表自变量完全没有预测能力,1 代表完美预测。第四,维尔和齐默尔曼(Veall & Zimmerman, 1996)提出,R_L^2 也能有效应用于多分类名义变量和定序因变量,能与二分因变量媲美,不像以方差为本的量度 R_{MZ}^2 和 R^2。

第3节 | 预测效率:λ_p, τ_p, ϕ_p 和二项检验

除了关于拟合优度的统计,logistic 回归程序一般还包括不同的列联表,指出分析个案的因变量的预测数值和观测值。这些表类似 SPSS CROSSTABS 和 SAS PROC FREQ 的列联表。很多时候我们比较在意模型准确预测的概率 $P(Y_j=1)$,但有时我们可能对准确的分组预测更有兴趣,因此分类表格与模型整体拟合同样更受关注。基于 logistic 回归或相关方法如判别分析,现在还没有关于如何量度个案分类的观测与预测结果之间的关系的一致说法。但是,几个方法都能轻易地得到综合概要的列联表,最好选用一些 logistic 回归软件,过程会涉及误差改变比率的计算。

$$\text{预测效率}=\frac{(\text{没有模型的误差})-(\text{有模型的误差})}{(\text{没有模型的误差})} \tag{2.1}$$

这就是误差改变比率方程。如果模型能更有效地预测因变量,就会和误差比率减少一样。但是在某些情况下,可能模型比几率更差。此时,预测效率会出现负数,误差按比例增加。简单来说,模型的误差指的是自变量预测值错误的

个案数量。没有模型的误差与这三个指标不同,同时要看是否为预测、分类或选择模型。

预测、分类和选择模型

预测模型并不预先限制各种特定行为或特质的个案数目或比例。原则上,有可能(但不是必然)被预测为“正”(具有某特质,例如“成功”)或“负”(没有某特质,例如“失败”)的个案的数量与观测到的“正”与“负”的数量是相同的。也就是说,没有限制预测或观测频率的边际分布(正或负,每一类的个案数量或比率)要相等或不等。更有甚者,全部个案都被预测到同一类别,即样本或全部人口都是同质的。实际上,当所有组别的特质都相同时(全锁住或全放走他们),预测模型是合适的。

分类模型与预测模型很相似,但它多做了一个假设,就是个案必须是异质的。因此,分类模型的评估必须加强限制,即模型把个案分到每一类的数目要与实际观测到的数量相同。每类观测个案的数量或比例必须与其预测的相同。如果一个模型不能符合这个准则,它就不是分类模型。完全同质是分类模型不能接受的。以现实情况来说,假设异质,而且所有组别不可能是相同的,那么分类模型就是合适的。

选择模型(Wiggins, 1973)所关注的是“接受”或“拒绝”个案,准则是指是否满意该组别的某些要求,同时符合该组可接受的最低要求、最大限量、特定的个案数量。在选择模型中,观测到成功(或基准比率)的个案比率可能或不可能等于该组接纳或已选择的个案比率(选择比率)。例如,某公司从 200 名职位申请者中聘请 20 名员工,选择比率是 20/200=0.10(10%),无论基准比率(成功被聘用的观测概率)是 5%或 20%,是选择比率的 1/2 或 2 倍。logistic 回归软件的分类表自然成为预测或分类模型。虽然以前它们有可能是选择模型,但是必须转换(除非在巧合的情况下,选择比率刚好等于基数率),这样,选中的个案数目才是正确的。

列联表作为预测效率的指标:常见的相关衡量

在不同的量度预测效率的指标中包括数个用以分析列联表相关的量度:ϕ,古德曼和克鲁斯卡尔(Goodman & Kruskal)的 γ、κ,列联系数,皮尔逊 r 和发生比数比(Farrington & Loeber, 1989; Mieczkowski, 1990; Ohlin & Duncan, 1949)。使用一般列联表的相关衡量去分析 2×2 或更大的预测表格的问题在于:区分(1)自变量 X 与因变量 Y 关系的强度;(2)预测组别 $E(Y_j)$ 与观测组别 Y_j 关系的强度。图 2.1 说明了两者的区别。图 2.1 中的表格 A 代表常见 2×2 表格的格数和边际频率,表格 B 代表种族与政治取向的假定关系,表格 C 说明预测与观测政治取向的假定关系。

虽然表格 B 和表格 C 的数字是完全相同的,但是推论却不同。在表格 B 中,种族的数据可令预测政治取向误差比率降低(Proportional Reduction in Error, PRE)约 0.20(按古德曼和克鲁斯卡尔的 λ)或 0.04(按古德曼和克鲁斯卡尔的 τ)。在表格 C 中,当我们预测的与假定模型预测的相反时,PRE 一样。事实上,用模型预测政治取向比几率更差,原因有可能是数据的偏斜,或用其他数据发展出来的预测模型去预测。如果每个个案的分类都错了，表格 C 中的 λ 和 τ 都是 1；因此，完全正确与完全错误便没有区别。皮尔逊 r 和它等同 2×2 表格的肯德尔(Kendall)τ 和 ϕ 计算如下：

$$\phi=(ad-bc)/\sqrt{(a+b)(a+c)(b+d)(c+d)}$$

会显示负符号的分类，它的平方便是 PRE。

表格 A：预测表的标准格式

		Y 的预测值		
		正面(成功)	负面(失败)	
Y 的观测值	正面(成功)	a	b	$a+b$
	负面(失败)	c	d	$c+d$
		$a+c$	$b+d$	$a+b+c+d$

表格 B：种族与政治取向

		X：种族		
		欧裔	非欧裔	
政治取向	保守	20	30	50
	自由	30	20	50
		50	50	100

表格 C：预测与观测政治取向

		预测的政治取向		
		保守	自由	
观测的政治取向	保守	20	30	50
	自由	30	20	50
		50	50	100

注：表格 B 和表格 C 的古德曼和克鲁斯卡尔的 $\lambda=0.20$；古德曼和克鲁斯卡尔的 $\tau=\phi^2=r^2=0.04$。

图 2.1　关联性与预测

但是，对没有序列类别的大表格，皮尔逊 r 和肯德尔 τ 都不能用,而 ϕ 变成克拉默(Cramer)V,也不能再有 PRE 的解释。发生比数之比可用在 2×2 表格上,但对大表格就需要计算两个或两个以上的发生比数之比,而且不再提供正确预测的单一综合概要。总体来说,列联表与预测表的相关常见衡量不再对预测准确度的估量提供直接而整体的答案。皮尔逊 r 和 r^2 或 ϕ 和 ϕ^2 是 2×2 表格合理的指针,但对于较大的表格就不适用。

λ_p, τ_p 和 ϕ_p

方程 2.1 提供了预测效率指标的基本方式。模型误差就是模型错误分类的个案数量,它类似于误差平方和。没有模型的总误差类似于总平方和。这要根据我们是否使用预测模型、分类模型或选择模型而定,对预测模型,最类似线性回归(间距因变量)的方法就是将因变量的模式作为所有个案的预测值(类似用线性回归的平均数)。定义没有模型的误差的方法与名义变量的列联表的古德曼和克鲁斯卡尔的 λ 一样,是奥林和邓肯(Ohlin & Duncan, 1949)首次建议的一个指标。因为与古德曼和克鲁斯卡尔的 λ 很相似,它把这一指标称为 λ_p(lambda-p), p 指的是运用预表格。

当 lambda-p 为正数时,它就像 R^2 一样,是一个关于 PRE 的衡量,但如果模型比预测模式差,λ_p 有可能是负数,显示误差按比例增加。λ_p 的可能值依赖于边际分析。一般而言,所有表格(N 个个案)的 λ_p 可能值的范围是由 $1-N$ 至 1。

在分类模型中,没有模型的期望误差定义如下:

$$没有模型的误差 = \sum_{i=1}^{N} f_i[(N - f_i)/N]$$

N 是样本数量，f_i 是观测类别 i 的个案数目，这与古德曼和克鲁斯卡尔的 τ 的个案数目差不多。克莱卡（Klecka，1980）提出了用以判别分析的没有模型的衡量指针。与 λ_p 平行的克莱卡指标是 τ_p（tau-p）或预测表格的 τ。

正如 λ_p 一样，τ_p 是量度变化的，但 τ_p 需要把个案分到不同的组别或类别中，不能放在同一类别中，即使在没有模型的误差估计中。实际上，τ_p 能调整分类基数率的误差期望数量。预测的准确度因此可算其次，以异质假设为准。如 λ_p，τ_p 等于 1 表示所有个案分类全部准确，τ_p 是负值表示预测模型比期望个案预测分类（基于观测边际分布）更差。τ_p 的第二个性质，二分因变量的 $\tau_p \geqslant \lambda_p$，因为没有模型误差的 τ_p 的数目会等于或大于因为没有模型误差 λ_p 的数目。在相同边际分布的表格中，τ_p 介于 -1 至 1 之间，但当边际分布不相等时，最大的 τ_p 小于 1。最差的可能性是，边际分布极为偏斜和不一致。τ_p 的最小值等于 $1-N^2/2(N-1)$。在不同的边际分布中，τ_p 的范围不是固定的，介于 1 至 2 之间。负 τ_p 和大绝对值的模型会有比较窄的范围。

同时还有可能建立量度选择模式中预测准确度的误差比例变化。有模型误差是 $b+c$，类似于 λ_p 和 τ_p。有模型误差是基于基数率 $B=(a+b)/N$ 和选择率 $S=(a+c)/N$ 的。当知道 B，S 和 N 的值时，我们会知道格 a 的预测值（图 2.1 的表格 A）：$E(a)=BSN$。因为一个 2×2 的预测表的自由度只有 1，只要 a 的预测值已知，边际分布、其他格的预测值也就可知，那么就与要计算 χ^2 统计的预测值一致。期望误差

是 $E(b+c)=[(a+b)(b+d)/N+(c+d)(a+c)/N]$。将这些数值放到 PRE 方程内,我们会得出误差量度的比例变化[9]:

$$\phi_{\mathrm{p}}=\frac{(a+b)(b+d)/N+(c+d)(a+c)/N-(b+c)}{(a+b)(b+d)/N+(c+d)(a+c)/N}$$

$$=\frac{(a+b)(b+d)+(c+d)(a+c)-N(b+c)}{(a+b)(b+d)+(c+d)(a+c)}$$

$$=\frac{ad-bc}{0.5[(a+b)(b+d)+(c+d)(a+c)]}$$

相同边际分布的表格,ϕ_{p} 最大值是 1。一般来说,它介乎于−1 至 1 之间,但实际最大值、最小值和范围就得看边际分布。只要没有模型的误差就可以算是格 b 和 c 的期望频率之和(图 2.1 的表格 A),有模型的误差就可以算是格 b 和 c 的观测频率之和,那么,ϕ_{p} 就可延伸到比 2×2 大的表格上,而且它仍可解释成误差的比例改变。2×2 表格可以显示出 $|\phi_{\mathrm{p}}|\leqslant|\phi|$,这时 ϕ_{p} 与 ϕ 和皮尔逊 r(分子一样,$ad-bc$)都有同样的标志。当所有个案预测都正确时,$\phi_{\mathrm{p}}=1$;否则,即使在特定边际,个案的正确分类已达到最大值,$\phi_{\mathrm{p}}<1$。[10]

λ_{p}, τ_{p} 和 ϕ_{p} 的统计意义

lambda-p, tau-p, phi-p 统计意义的量度类似于 R^2。设定 N=总样本大小,P_e=(没有模型的误差)/N,p_e=(有模型的误差)/N。二项统计 d 的计算方法如下:

$$d=(P_e-p_e)/\sqrt{P_e(1-P_e)/N}$$

d 接近正态分布(Bulmer, 1979)。[11]注意,我们所比较的不

是每个类别的个案比例，而是模型将正确或不正确的个案分类的比例。这种检验与预测、分类和选择模型的 λ_p，τ_p，ϕ_p 相同，不同的只是定义没有模型的误差。

在所提及的统计意义的检验中，观测分类的数值是已知的，检验显示用模型预测的错误（基于模型，因此会变异）比例与没有用模型预测的错误比例（只基于边际分布，不是模型，因此是固定的）有没有明显区别？二项检验的形成，明确地利用模型所产生误差的期望值为准则，这比两比例差距的二项检验好。两比例差距假设：有模型和没有模型的误差的比例是基于不同的样本（不相等的样本数量）。问题是，当我们比较 logistic 回归产生的分类表中的观测与预测分类，或表格中的期望与真实的误差时，有一个条件明显不符合。但是如果检验两个不同的预测模型的整体预测准确度（正确预测的百分比）有没有明显分别，两比例差距的二项检验是很有用的。在这种情况下，我们需要分开去检验两个或任意一个模型是否比复制个案观测分类的几率好。

预测效率的其他指标

马达拉（Maddala，1983：76—77）曾对计量经济学文献提及的三个预测效率指标进行评论。他摒弃其中一个，因为它不能分辨完全正确与完全错误的模型，这与其他通用的列联表的相关量度有相同之处。第二个指标被认为是“最好”或“次好”的，它与拟合优度很接近。第三个指标介于 −1 至 0.50，取决于边际分布，其值与 ϕ 和皮尔逊 r 相似。因为它没有 PRE 解释，所以并不比 ϕ 或皮尔逊 r 好。

洛伯等人(Loeber et al., 1983)建议过一个方法,名为相对机会提高率(relative improvement over chance, RIOC)。虽然洛伯和他的同事把 RIOC 应用在预测分析和分类表中,但是它能修正基数率与选择率的不同,因此,比起分类或预测模型,它更适合用于选择模型。RIOC 与系数 ϕ'(边际分布 ϕ 的修正系数)一致。与 ϕ 不同,ϕ'没有 PRE 解释。这一数值介于-1(完全不正确的预测,如果图 2.1 中表格 A 的格 b 和 c 都不是 0)和 1 之间。如果格 b 或 c 任何一格等于 0,即包含错误的预测,那无论正确个案分类的比例有多小,RIOC$=1$,这与 Yule Q(列联表相关衡量)之一有同样的问题。即使有超过 90%的个案被错误地分类,RIOC 也有可能等于 1。[12]

预测效率指标的比例

梅纳德(Menard, 2000)提出一些研究证据,控制基数率,λ_p 和 ϕ_p 与基数率高度相关,但 τ_p 没有。瑟德斯特伦等人(Soderstrom et al., 1997)先控制模型的基数率、样本大小和预测变量的信度,然后比较 λ_p, τ_p, ϕ_p, RIOC 和正确百分比。根据蒙特卡罗模拟,他们发现在含有连续预测变量的模型中,ϕ_p 最不受基数率的影响,接着是 τ_p 和 λ_p。只含有二分预测变量的模型,对基数率的改变,τ_p 没有 λ_p 敏感,RIOC 通常计算不出来,原因前文已谈过。瑟德斯特伦总结,在很多情况下,ϕ_p 和 τ_p 是最合适的预测效率。总的来说,这个结论深化了这个观点,即选择指针需要与模型的性质一致,特别是 τ_p 最适合分类模型,ϕ_p 最适合选择模型。这些指针可应用在 logistic 回归预测表和过程产生的预测表上，而且并不限于二分变量；只要预测表能分辨正确预测与不正确预测，这些指标都适用。遗憾的是，现在通用的 logistic 回归软件，例如 SPSS LOGISTIC REGRESSION 或 SAS PROC LOGISTIC，都不会自动出现以上预测效率指标。

第 4 节 | 举例:评估 logistic 回归模式的充足性

研究人员通常对拟合优度比较感兴趣,这是预测效率缺乏共识的一个原因。

在理论验证上,拟合优度比分类准确度更为重要。我在文中介绍了预测准确度,但相对于拟合优度评估的发展和它的重要性来说,这方面的发展相对比较慢。通常,拟合优度和预测准确度这两个方法会得出一致的结果,但也完全有可能得出这样的结果:有完好的模型,却无法正确地分类。

图 2.2 和图 2.3 说明了拟合优度和预测效率如何导致非常不同的结论。在图 2.2 中,单一因变量 TRUE 是仿真的数据,另有单一预测变量 P1。标准的输出包括 R_{L}^2, R^2, λ_{p}, τ_{p}。图 2.2 分析了 40 个个案,模型拟合得非常好。G_{M} =模型卡方=20.123,在统计上是显著的(p =0.0000),因此我们拒绝原假设,自变量 P1 与因变量 TRUE 不相关。R_L^2 =0.363,说明 TRUE 和 P1 有相当程度的相关。二项 d 与 λ_{p}, τ_{p} 相同(两者都是 50% 的期望误差): d = 5.060, 有显著性 p =0.000。λ_{p} 和 τ_{p} 都等于 0.80,显示我们可根据自变量把个案分到因变量的不同类别,而且准确度也同样高,这在分类表中都已反映出来。整体来说,预测准确度比模型预测概

率 $P(Y_j=1)$ 的能力更高。图 2.2 下方的观测组与预测概率的图像，显示了预测概率有时非常高，有时接近 0.5——分类（$Y=1$ 或 $Y=0$）的分线。预测准确度非常高，尤其有些个案分到 $Y=1$ 的预测概率接近 0.5。

Classification Table(a)

			Predicted		
			TRUE		Percentage Correct
	Observed		0	1	
Step 0	TRUE	0	18	2	90.0
		1	2	18	90.0
	Overall Percentage				90.0

a The cut value is 0.500

Omnibus Tests of Model Coefficients

		Chi-square	df	Sig.
Step 1	Step	20.123	1	0.000
	Block	20.123	1	0.000
	Model	20.123	1	0.000

R_L^2 = 0.363
R^2 = 0.408
Tau-p = 0.80
Lambda-p = 0.80

Model Summary

Step	-2 Log likelihood	Cox & Snell R Square	Nagelkerke R Square
1	35.329	0.395	0.527

Variables in the Equation

		B	S.E.	Wald	df	Sig.	Exp(B)
Step 1(a)	P1	8.203	2.894	8.035	1	0.005	3653.109
	Constant	-4.102	1.505	7.432	1	0.006	0.017

a Variable(s) entered on step 1: P1.

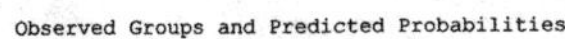

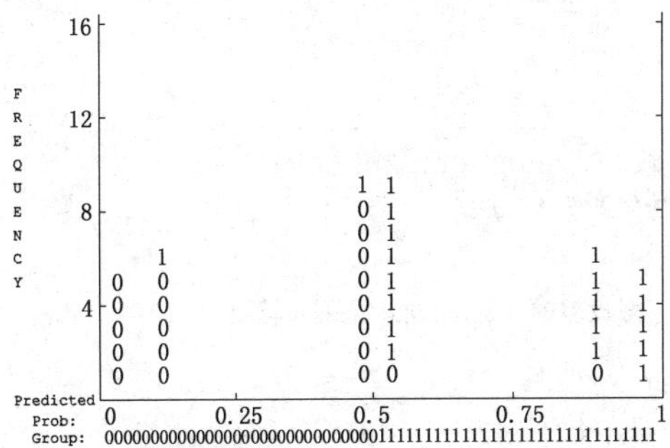

Group: 000000000000000000000000000000111111111111111111111111111111

Predicted Probability is of Membership for 1
The Cut Value is 0.50
Symbols: 0 - 0
1 - 1
Each Symbol Represents 1 Case.

图 2.2　假定“好的预测”的 logistic 回归输出（分类的预测概率）

在图 2.3 中，G_M 也有显著性，R_L^2 和 R^2 都显示因变量

Classification Table(a,b)

	Observed		Predicted TRUE 0	Predicted TRUE 1	Percentage Correct
Step 0	TRUE	0	11	9	0.0
		1	9	11	100.0
	Overall Percentage				50.0

a Constant is included in the model.
b The cut value is 0.500

Omnibus Tests of Model Coefficients

		Chi-square	df	Sig.
Step 1	Step	17.974	1	0.000
	Block	17.974	1	0.000
	Model	17.974	1	0.000

R_L^2 = 0.324
R^2 = 0.356
Tau-p = 0.10
Lambda-p = 0.10

Model Summary

Step	-2 Log likelihood	Cox & Snell R Square	Nagelkerke R Square
1	37.477	0.362	0.483

Variables in the Equation

		B	S.E.	Wald	df	Sig.	Exp(B)
Step 1(a)	P2	7.193	2.497	8.299	1	0.004	1329.985
	Constant	-3.596	1.311	7.527	1	0.006	0.027

a Variable(s) entered on step 1: P2.

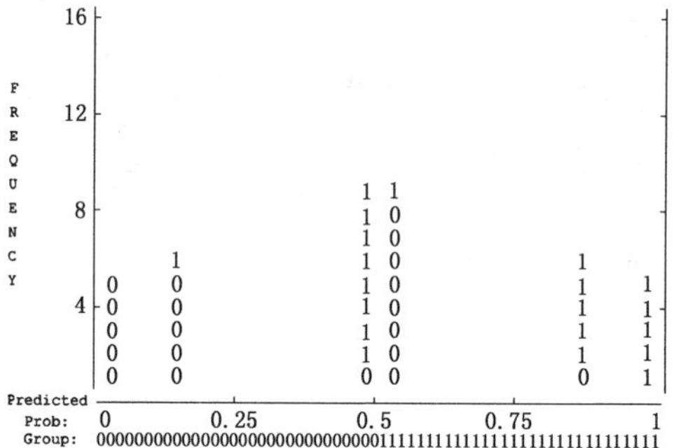

Predicted Probability is of Membership for 1
The Cut Value is 0.50
Symbols: 0 - 0
1 - 1
Each Symbol Represents 1 Case.

图 2.3 假设差的预测的 logistic 回归输出

TRUE 与新预测变量 P2 紧密相关。但 τ_p 和 λ_p 却显示观测和预测分类的相关性非常低,二项检验 $d=0.632$,统计意义 $p=0.264$(单尾),反映将个案分到因变量与自变量的数值无关。原因显示在观测组与预测概率图中。当预测概率接近 0.5 时,不再是正确的预测,反而接近完全错误。40 个个案中的 26 个的 P1 与 P2 预测概率是一样的，但其余的 14 个，预测概率有 0.02 的改变，或从 0.49 至 0.51，或从 0.51 至 0.49。这些对整体的拟合优度的 R_L^2，R^2，η^2 和 G_M 影响不大，但对预测效率的指标就有莫大的影响。

图 1.4 在第 1 章中讨论过，它显示了二元 logistic 回归分析的结果，接触违法朋友（EDF5）与大麻使用率（PMRJ5）的关系。从图 1.4 的结果来看，根据 G_M（意义 =0.0000），我们拒绝原假设，即 EDF5 与 PMRJ5 无关。注意：霍斯默和莱默苏拟合优度没有显著性，显示只含预测变量 EDF5 的模型与数据拟合度很高。预测表格显示预测准确度也不错，但我们需要计算 λ_p 和 τ_p，通过数量化的衡量分析到底模型能多好地把个案分类。模型的预测值可储存成一个新变量，LPEP-MRJ5（EDF5 通过 logistic 回归预测 PMRJ5 的新变量）。这可以让我们利用另一个方差分析或二元回归去计算 R^2。

根据图 1.4 的数据，$G_M = 85.359$（综合检验的模型卡方）和 $D_M = 213.947$（模型综合概要的 −2 似然），$R_L^2 = G_M/(G_m + D_M) = (85.359)/(85.359 + 213.947) = 0.285$。lambda-p 等于较小观测类别的个案数目（$Y=1$：$37+44=81$）减去模型错误分类的个案数目（$37+14=51$），除以较小类别的个案数目，因此，$\lambda_p = (81-51)/81 = 0.370$，相当程度地减少了预测误差。tau-p 的计算相对比较复杂。首先找出 Y 观测值的每个分类的个案总和：$Y=0$，$n_{Y=0}=150$；$Y=1$，$n_{Y=1}=81$。二分因变量的误差期望值是两个总数相乘，除以个案总数（231）并乘以 2，因为我们期望二分变量的每类误差数目是相同的，即(2)(150)(81)/231 = 105.2。tau-p 是误差期望值减去误差的真实数目（51），除以误差期望值：$\tau_p = (105.2 -$

51)/105.2=0.515。显示模型能把个案分为不使用或使用大麻类别的分类误差减少了至少一半。

我们可以利用 λ_p 和 τ_p 的期望误差去计算二项检验 d 统计。λ_p 的误差期望数量是 81,相应的比例是 81/231 = 0.351,误差观测数是 51,相应比例 51/231 = 0.221。因此,$d = (P_e - p_e)/\sqrt{P_e(1-P_e)/N} = (0.351 - 0.221)/\sqrt{(0.351)(0.649)/231} = 4.140$。

具显著性 $p=0.000$。τ_p 不详细计算,$d=6.996$,具显著性 $p=0.000$。最后,计算 R^2 或 η^2,一定要用二元回归或方差分析的结果。我们可以比较图 1.4 的 logistic 回归结果与图 1.1C 部分的线性回归的结果(同样的变量),logistic 回归模型的 PMRJ5 已解释方差($R^2=0.34$)比线性回归稍微高点($R^2=0.32$,见图 1.1C)。[13]虽然线性回归是通过缩小平方误差总和以算出最大的 R^2,而 logistic 回归不是,但结果显示,logistic 回归更适合数据,这说明预测变量与因变量有相当程度的相关,而且分类也不错。

第 5 节 | 总结：评估 logistic 回归模型

在线性回归中，我们利用 F 统计和 R^2 去检验因变量和自变量相关性的统计显著性和实际意义。两者均基于平方总和 SST 与误差平方和 SSE。在 logistic 回归中，如果我们主要关注模型与数据是否拟合（例如用于理论建构与验证），那么我们用 G_M 和 R_L^2，基于 $-2LL$ 去检验统计和实际意义。如果我们较少关注整体模型的拟合度，而更关心模型预测的准确性，那么我们会用二项检验 d 和三个预测效率（λ_p，τ_p 和 ϕ_p）去检验模型的统计和实际意义。因为 logistic 回归软件没有提供 λ_p，τ_p 和 ϕ_p 三者的数据，所以必须另做计算。

第3章

解释 logistic 回归系数

在线性回归分析中,我们评估每个自变量对模型的贡献,是通过检验它的统计显著性来估计其对因变量的实际意义。统计显著性的评估是利用 F 或 t 检验产生的概率(p),我们发现样本越大,自变量和因变量的关系越大,即使它们实际上不相关也是如此。实际意义有几种评估方法。我们可以检验非标准化回归系数,看看因变量的改变是否与自变量的改变相关,而且这种改变是否足够大(这里用"相关"比任何暗示因果关系的词汇好,虽然变量间关系有预测性,但可能本质上不是因果关系)。要应用该检验,我们必须事先知道改变要有多大,检验才会被关注,以及改变要多小,才可被忽略。非标准化回归系数对评估一个变量对另一个变量的实际影响和比较相同变量在不同样本中的影响是非常有用的。

另外,如果没有清晰的标准去说明到底多大才算大(有些变量的量度单位又不像尺、磅、元这种惯用量度单位,而是用量表数字,如接触违法朋友 EDF5),我们就可以参看标准回归系数,它会显示随着自变量的标准偏差改变 1 个单位,因变量的标准偏差会改变多少。标准系数特别适用于理论验证和在相同样本中比较不同变量的影响。

逐步法用于评估回归方程中变量的贡献，尤其当我们检验回归方程的非线性（例如包括平方项）或非相加性（包括交互项）时。是否加入非线性或非相加的变量，这取决于解释方差 R^2 改变的大小和统计显著性。当我们关注理论发展多于理论验证时，逐步法就是探索式分析。这种研究通常应用以上现象研究的前期阶段，这时现象的相关性理论或知识还没发展好。模型中逐步包含或删减变量所用的准则或方法通常与理论验证的方法差不多或稍宽松些。

第 1 节 | logistic 回归分析的统计显著性

自变量对解释因变量的贡献的统计显著性有几种评估方法。其中最好、最准确的是似然比检验。似然比检验是针对有变量和没有变量的 logistic 回归模型的一种方法。似然比检验统计量等于有变量模型 G_M 减去没有变量模型 G_M。此结果(当检验 X_1 时,称之为 G_1;检验 X_2 时,称之为 G_2;检验 X_k 时,称之为 G_k)呈 χ^2 分布,自由度等于有 X 模型的自由度减去没有 X 模型的自由度。例如,G_{M1}代表模型中有 X_k 的χ^2,G_{M2}代表模型中没有 X_k 的χ^2,$G_k=G_{M1}-G_{M2}$,如果 X 是连续、定距、定比变量,那 G_k 的自由度是 1。

唯一的缺点就是,似然比检验的计算比其他方法所需的时间长。如果主计算机需要付费,这将是一个严重的问题,但现在很多人使用较快的个人计算机,除非样本很大,一般不成问题。统计软件通常使用比似然比检验较易计算的方法——沃尔德统计,用以检验个别系数的统计显著性。如图 1.4,沃尔德统计排在系数(B)和标准误差(S.E.)之后。若个案的分布是不对称的如卡方分布,沃尔德统计的计算是 $W_k^2=[b_k/(b_k \text{ 的 S.E.})]^2$,若为标准正态分布,则沃尔德统计

的计算是 $W_k=[b_k/(b_k$ 的 S.E.)](Hosmer & Lemeshow, 1989:31; SAS, 1989:1097; SPSS, 1991:140—141)。同时,沃尔德统计的算式与线性回归系数的 t 比率平行。沃尔德统计的缺点就是当 b 变大,其估计标准误差会增大,因此,若原假设是错误的,也会令我们无法拒绝原假设。[14]

图 3.1 是因变量与四个预测变量的 SPSS 输出。大麻使用率 PMRJ5 仍是因变量,接触违法朋友 EDF5 仍是自变量,

Case Processing Summary

Unweighted Cases(a)		N	Percent
Selected Cases	Included in Analysis	227	88.3
	Missing Cases	30	11.7
	Total	257	100.0
Unselected Cases		0	0.0
Total		257	100.0

a If weight is in effect, see classification table for the total number of cases.

Dependent Variable Encoding

Original Value	Internal Value
0.00 no	0
1.00 yes	1

Omnibus Tests of Model Coefficients

		Chi-square	df	Sig.
Step 1	Step	108.257	5	0.000
	Block	108.257	5	0.000
	Model	108.257	5	0.000

Categorical Variables Codings

		Frequency	Parameter coding		
			(1)	(2)	(3)
ETHN	1 white	175	0.000	0.000	
	2 black	37	1.000	0.000	
	3 other	15	0.000	1.000	
SEX	1 FEMALE	117	0.000		
	2 MALE	110	1.000		

Classification Table(a)

	Observed		Predicted		
			PMRJ5		Percentage Correct
			no	yes	
Step 1	PMRJ5	no	134	13	91.2
		yes	28	52	65.0
	Overall Percentage				81.9

a The cut value is 0.500

Variables in the Equation

		B	S.E.	Wald	df	Sig.	Exp(B)
Step 1(a)	EDF5	0.407	0.069	34.341	1	0.000	1.502
	BELIEF4	-0.118	0.060	3.903	1	0.048	0.889
	SEX(1)	-1.514	0.405	14.008	1	0.000	0.220
	ETHN			1.190	2	0.552	
	ETHN(1)	0.245	0.508	0.232	1	0.630	1.277
	ETHN(2)	0.772	0.745	1.074	1	0.300	2.163
	Constant	-1.749	2.028	0.744	1	0.388	0.174

a Variable(s) entered on step 1: EDF5, BELIEF4, SEX, ETHN.

Model Summary

Step	-2 Log likelihood	Cox & Snell R Square	Nagelkerke R Square
1	186.359	0.379	0.522

Hosmer and Lemeshow Test

Step	Chi-square	df	Sig.
1	8.754	8	0.363

Contingency Table for Hosmer and Lemeshow Test

		PMRJ5 = .00 no		PMRJ5 = 1.00 yes		Total
		Observed	Expected	Observed	Expected	
Step 1	1	24	23.306	0	0.694	24
	2	21	22.577	3	1.423	24
	3	24	22.379	1	2.621	25
	4	22	20.340	2	3.660	24
	5	18	18.097	5	4.903	23
	6	13	16.129	10	6.871	23
	7	14	13.079	9	9.921	23
	8	7	7.684	16	15.316	23
	9	3	3.129	20	19.871	23
	10	1	0.280	14	14.720	15

Model if Term Removed

Variable		Model Log Likelihood	Change in -2 Log Likelihood	df	Sig. of the Change
Step 1	EDF5	-120.954	55.549	1	0.000
	BELIEF4	-95.222	4.085	1	0.043
	SEX	-101.185	16.011	1	0.000
	ETHN	-93.758	1.158	2	0.561

```
                         *** OUTPUT FROM SPSS MEANS ***

Summaries of   LRPRED13   Predicted Value By levels of PMRJ5

    Value  Label                  Mean      Std Dev    Sum of Sq     Cases

     0.00  no                  0.2002317  0.1958068  5.5976854       147
     1.00  yes                 0.6320872  0.2965058  6.9453396        80
                               ----------------------------------------
Within Groups Total            0.3524275  0.2361076 12.5430250       227

                    Analysis of Variance

                        Sum of                 Mean
Source                 Squares       D.F.     Square        F         Sig.

Between Groups          9.6618         1       9.6618    173.3160    0.0000
Within Groups          12.5430       225       0.0557

                  Eta = 0.6596     Eta Squared = 0.4351
```

图 3.1 SPSS logistic 回归的输出结果

BELIEF4 被用来量度被访者认为 EDF5 所提到的每种非法行为的错误程度如何(完全错、有点错、没有错),包括侵犯他人、偷窃、贩卖毒品等。响应者先回答 BELIEF4,然后再回答是否使用。性别 SEX 的编号 0 是女性,1 是男性。种族 ETHN 的编号已在图 3.1 的分类变量编号表中显示。对应 ETHN 的第一个类别是非裔美国人(黑人),第二个类别是除了非西班牙欧裔美国人或非裔美国人之外的种族(其他)。在栏中标为(1)、(2)或(3),当个案落在该种族类别时,其相应变量取值等于 1。

因此，非裔美国人（黑人）就是第一个 ETHN 变量乘以1，其他种族乘以0；其他种族就是第二个变量乘以1，黑人乘以0。这是 logistic 回归应用的虚拟变量或设计变量，代表单一分类变量的例子，这种方法与线性回归是一致的（Hardy, 1993; Lewis-Beck, 1980）。

在图3.1中，方程内的标签变量包括每个变量的 logistic 回归系数、标准误差、沃德统计（W_k^2）、自由度（df）和沃德统计意义。图3.1显示，EDF5、BELIEF4 和性别对 PMRJ5 都有显著性，但 ETHN 无论是整体的还是分开的，虚拟变量对 PMRJ5 或截距统计上都没有显著性。霍斯默和莱默苏（列联表的霍斯默和莱默苏检验）显示模型拟合度高。在图3.1底部，SPSS MEANS 前面的"Model if Term Removed"标题下，显示出模型中各变量的似然比统计量。[15]实际上，沃德和似然比统计的结论、显著水平都很相似。之前提到过，Cox-Snell 和 Nagelkerke R^2 是量度有问题的量表，这里就不讨论了。

图3.2显示用 SPSS NOMREG 重做的输出结果。NOMREG 的输出结果较为简洁，与 LOGISTIC REGRESSION 显示同样的信息。模型 $\chi^2(G_M)$ 是一样的，最后的 $-2LL(D_M)$ 也一样（比较图3.1的模型综合表和图3.2的模型拟合数据表），只有截距或最初的 $-2LL(D_0)$ 也是如此。两个表格的 Cox-Snell 和 Nagelkerke 也是一样，但 NOMREG 还提供 McFadden 伪 R 平方（R_L^2）。图3.2的似然比检验与图3.1删除变量后的模型表提供了相同的信息。至于模型拟合的霍斯默和莱默苏检验，NOMREG 却用皮尔逊和偏 χ^2 统计，这是基于共变规则的数量，而非个案的数目。两者中，一般认为

Case Processing Summary

		N
PMRJ5	0.00 no	147
	1.00 yes	80
SEX	1 MALE	110
	2 FEMALE	117
ETHN	1 white	175
	2 black	37
	3 other	15
Valid		227
Missing		30
Total		257

Parameter Estimates

PMRJ5		B	Std. Error	Wald	df	Sig.	Exp(B)	95% Confidence Interval for Exp(B)	
								Lower Bound	Upper Bound
.00 no	Intercept	0.978	2.122	0.212	1	0.645			
	EDF5	-0.407	0.069	34.347	1	0.000	0.666	0.581	0.763
	BELIEF4	0.118	0.060	3.903	1	0.048	1.125	1.001	1.265
	[SEX=1]	1.515	0.405	14.013	1	0.000	4.549	2.058	10.054
	[SEX=2]	0(a)	.	.	0	.	.	.	.
	[ETHN=1]	0.772	0.745	1.075	1	0.300	2.164	0.503	9.313
	[ETHN=2]	0.527	0.841	0.393	1	0.531	1.694	0.326	8.797
	[ETHN=3]	0(a)	.	.	0	.	.	.	.

a This parameter is set to zero because it is redundant.

Model Fitting Information

Model	-2 Log Likelihood	Chi-Square	df	Sig.
Intercept Only	279.706			
Final	171.450	108.257	5	0.000

Goodness-of-Fit

	Chi-Square	df	Sig.
Pearson	261.438	151	0.000
Deviance	158.266	151	0.306

Pseudo R-Square

Cox and Snell	0.379
Nagelkerke	0.522
McFadden	0.367

Classification

	Predicted		
Observed	0.00 no	1.00 yes	Percent Correct
0.00 no	134	13	91.2%
1.00 yes	28	52	65.0%
Overall Percentage	71.4%	28.6%	81.9%

Likelihood Ratio Tests

Effect	-2 Log Likelihood of Reduced Model	Chi-Square	df	Sig.
Intercept	171.450	0.000	0	.
EDF5	226.999	55.549	1	0.000
BELIEF4	175.535	4.085	1	0.043
SEX	187.461	16.011	1	0.000
ETHN	172.607	1.158	2	0.561

The chi-square statistic is the difference in -2 log-likelihoods between the final model and a reduced model. The reduced model is formed by omitting an effect from the final model. The null hypothesis is that all parameters of that effect are 0.

图 3.2 SPSS NOMREG logistic 回归的输出结果

偏 χ^2 比 logistic 回归的皮尔逊 χ^2 能提供更多信息。偏 χ^2 统计显示较好的模型拟合，与图 3.1 的霍斯默和莱默苏检验相似，分类表也一致。

图 3.2 和图 3.1 有一个较明显的不同，就是图 3.2 参数估计的系数。在 LOGISTIC REGRESSION 中，我们要预测因变量的第二类别(第一类别是参考类别)，但我们可以选择任

一类别作为参考类别，而在图 3.1 中，第一类别被选为参考类别，无论因变量和自变量，NOMREG 都默认最后一类为参考类别。因此，有些系数看起来就不一样，但其实它们与图 3.1 都是描述同样的事件。根据图 3.2 的结果，接触越多违法朋友的人，越可能吸食大麻；越强烈地意识到违法行为的错误性的人，越倾向于不吸食；男性倾向于不吸食大麻（注意，这里是预测因变量的第一类别）。在图 3.2 中，参考类别是“白人”而不是“其他”，但两个 logistic 回归系数都没有显著性。

图 3.3 显示部分 SAS 的输出结果，也是图 3.1 的模型。图 3.3 中 SAS 与图 3.1 中 SPSS 的输出结果有一点不同，就是处理 ETHN 的方法不一样。SAS 必须在分析时把 ETHN 转化成设计变量，因为 SAS 假定 PROC LOGISTIC 的自变量有一个真实值（SAS, 1989:1079），而且 SAS 无法把 ETHN 当作一个变量，必须把它分成几个设计变量，即检验分析不同的模型有没有 ETHN 这个自变量的模型。另外，参数估计、标准差、沃德统计、p 值、霍斯默和莱默苏检验、R_M^2（图 3.3 的 R^2；SPSS 的 Cox-Snell）、R_N^2（图 3.3 的调整后的 R^2；SPSS 的 Nagelkerke）和 −2 对数似然统计与 SPSS LOGISTIC REGRESSION 实际上是一致的。

Data Set: WORK.DATA1
Response Variable: PMRJ5
Response Levels: 2
Number of Observations: 227
Link Function: Logit

Response Profile

Ordered Value	PMRJ5	Count
1	1	80
2	0	147

WARNING: 30 observation(s) were deleted due to missing values for the response or explanatory variables.

Model Fitting Information and Testing Global Null Hypothesis BETA=0

Criterion	Intercept Only	Intercept and Covariates	Chi-Square for Covariates
AIC	296.616	198.359	.
SC	300.041	218.909	.
-2 LOG L	294.616	186.359	108.257 with 5 DF (p=0.0001)
Score	.	.	89.457 with 5 DF (p=0.0001)

RSquare =0.379　　Adjusted RSquare =0.522

Analysis of Maximum Likelihood Estimates

Variable	DF	Parameter Estimate	Standard Error	Wald Chi-Square	Pr > Chi-Square	Standardized Estimate	Odds Ratio
INTERCPT	1	-1.7498	2.0285	0.7441	0.3883	.	.
EDF5	1	0.4068	0.0694	34.3468	0.0001	0.954476	1.502
BELIEF4	1	-0.1179	0.0597	3.9033	0.0482	-0.256713	0.889
SEX	1	-1.5148	0.4047	14.0130	0.0002	-0.418313	0.220
BLACK	1	0.2451	0.5080	0.2327	0.6295	0.050013	1.278
OTHER	1	0.7720	0.7446	1.0748	0.2999	0.105968	2.164

Association of Predicted Probabilities and Observed Responses

Concordant	= 88.2%	Somers' D	= 0.766
Discordant	= 11.6%	Gamma	= 0.767
Tied	= 0.2%	Tau-a	= 0.351
(11760 pairs)		c	= 0.883

Hosmer and Lemeshow Goodness-of-Fit Test

		GRP = 0		GRP = 1	
Group	Total	Observed	Expected	Observed	Expected
1	24	24	23.31	0	0.69
2	24	21	22.58	3	1.42
3	25	24	22.38	1	2.62
4	24	22	20.34	2	3.66
5	23	18	18.10	5	4.90
6	23	13	16.13	10	6.87
7	23	14	13.08	9	9.92
8	23	7	7.68	16	15.32
9	23	3	3.13	20	19.87
10	15	1	0.28	14	14.72

Goodness-of-fit Statistic = 8.754 with 8 DF (p=0.363)

图 3.3　SAS PROC LOGISTIC 输出结果

第 2 节 解释非标准化 logistic 回归系数

图 1.4 显示二元 logistic 回归分析的结果。从图 1.4 中，我们得到方程 logit(PMRJ5) = 0.407(EDF5) − 5.487。当 EDF5 等于最大值(29)时，方程变成 logit(PMRJ5) = 0.407(29) − 5.487 = 6.316。若 EDF5 等于最小值(8)时，logit(PMRJ5) = 0.407(8) − 5.487 = −2.231。把 logit 转换成概率，当某人接触违法朋友的分数是 29 分，其使用大麻的概率等于 $e^{6.316}/(1+e^{6.316})=0.998$；当某人接触违法朋友的分数是 8 分，其使用大麻的概率变成 $e^{-2.231}/(1+e^{-2.231})=0.097$。当某人接触违法朋友的分数达到最高分，他/她一般也会使用大麻。当某人接触违法朋友的分数是最低分时，他/她使用大麻的相对概率小于 10%，虽可算是低概率事件，但比绝不可能使用大麻还差得多。若接触违法朋友的分数刚好是平均数，logit(PMRJ5) = 0.407(12) − 5.487 = −0.603，使用大麻的概率是 $e^{-0.603}/(1+e^{-0.603})=0.354$，该数字接近这些 16 岁访问者使用大麻的非条件概率 ($P=0.357$)。

正如线性回归系数，logistic 回归系数可理解成当自变量转变一个单位时，因变量 logit(Y)的变化。但 $P(Y=1)$ 的变化与自变量的关系并不是线性的。曲线的斜率各不相同，它取决于自变量的数值。可以通过检测点与点间 $P(Y=1)$ 的变化去计算不同点之间的斜率。例如,EDF5 由 8 到 9,概率由 0.097 增加至 0.101,为 0.004 的斜率,或 EDF5 由 28 增至 29,$P(Y=1)$ 由 0.997 变成 0.998,为 0.001 的斜率。EDF5 =12 与 EDF5 =13 之间的大麻使用概率由 0.354 变成0.451,为 0.097 的斜率,这个改变比在最高或最低点时,每一个单位的改变大几倍。

logistic 回归系数的解释与含有数个自变量的模型差不多。图 3.1 大麻使用率与自变量的关系的方程为:logit(PMRJ5) = 0.407(EDF5) − 0.118(BELIEF4) − 1.514(SEX)+0.245(BLACK)+0.772(OTHER)−1.749,其中变量 BLACK 和 OTHER 分别是指 ETHN(1)和 ETHN(2)。谈到单独系数,当 EDF5 每增加一个单位,logit(PMRJ5)增加 0.407。BELIEF4 每增加一个单位,logit(PMRJ5)减少0.118。男性的 PMRJ5 的 logit 减少 1.514(记住,这个样本中男性比女性更少地使用大麻)。种族效应没有显著性。[16]

把特定个案的数值代入方程就可以预测个案的情况,例如一个非裔美国女性 (BLACK =1, OTHER =0) 强烈认为违法是错误行为 (BELIEF4 =25),同时很少接触违法朋友 (EDF5 =10),则 logit(PMRJ5) =0.407(10) − 0.118(25) − 0.1514(0) + 0.245(1) + 0.772(0) − 1.749 =−0.384,相应的大麻使用概率为 $e^{-0.384}/(1+e^{-0.384}) = 0.405$。另外,一个非西班牙欧裔美国男性 (BLACK= 0, OTHER= 0),相信违法是错误的 (BELIEF4 = 20),且其接触违法朋友(EDF5 = 15) 的程度是中度,则 logit(PMRJ5) =0.407(15) − 0.118(20) − 1.514(1)+0.245(0)+0.772(0)−1.749=0.482,其相应的大麻使用概率 $e^{0.482}/(1+e^{0.482})=0.618$。

第 3 节 | 实质意义和标准系数

接触违法朋友增加一个单位的真正含义是什么？观念增加一个单位与一个单位的接触违法朋友真的等同吗？我们该不该认为观念每个单位的变化（原则上，范围由 7 至 28）等同于性别每个单位的变化（只有 0 或 1，范围只有 1）呢？这个问题在线性回归（因变量是大麻使用频率）或 logistic 回归（因变量是是否使用大麻）都会被问到。以不同的单位或量表量度自变量时，我们若想比较因变量与不同自变量的关系强度，通常会在线性回归中使用标准系数。同样的道理也适用于 logistic 回归，我们也可以考虑用回归分析的标准系数。

标准系数计算的单位是标准偏差。标准系数是指随着自变量每增加一个标准偏差，因变量的标准偏差会改变多少。在线性回归中，因变量 Y 与自变量 X 的标准系数 b^*_{YX} 可以从 Y 与 X 的非标准系数 b_{YX} 和他们的标准偏差 s_Y 和 s_X 计算出来：$b^*_{YX}=(b_{YX})(s_X)/(s_Y)$。另外，在回归分析之前，把 Y 和 X 标准化，即以 Y 和 X 减去它们的平均数再除以它们的标准偏差，$Z_Y=(Y-\overline{Y})/s_Y$ 和 $Z_X=(X-\overline{X})/s_X$ 得出 Y 和 X 之间的标准系数。

如果变量接近正态分布，99.9865%的个案都会落在六个标准偏差范围内(两边各三个标准偏差),而 99.999999713 的个案会落在 10 个标准偏差范围内。因此,自变量改变 1 个标准偏差意味着其可能值的范围会改变 1/8(小样本的1/6,样本的 1/10)。根据 Chebycheff 不平等定理(Bohrnstedt & Knoke, 1994:82—83),任何一个分布——即使是非常不正态的分布——至少 93.75%的个案会在平均数的 8 个标准偏差内,或者 96%的个案会在 10 个标准偏差内。因此直觉上,1 个标准偏差的变化足以影响其他变量(如果自变量对因变量有影响的话),但也不至于让原本微弱的关系变得明显,即使这一分布相当程度地偏离正态分布。如果我们使用通用单位(标准偏差或范围的 1/8)去量度所有自变量与因变量的关系,就算自变量本身测量的单位不一致,也可以比较他们对因变量的影响。

在 logistic 回归分析中,计算标准回归系数是复杂的,因为不是计算 Y 的数值,而是 Y 出现某个可能值或其他可能值的概率,这就是 logistic 回归方程所预测的。在 logistic 回归的因变量不是 Y,而是 logit(Y), logit(0)的观测值是 $-\infty$,而 logit($+\infty$) $=+\infty$,也不能计算平均值和标准偏差。虽然我们不能直接计算观测值 logit(Y)的标准偏差,但我们利用 logit(Y)的预测值,间接计算其标准偏差,并可解释方差 R^2。第 2 章曾提过,$R^2=\text{SSR/SST}$。除以 N(样本就是 $N-1$),我们得到 $R^2=(\text{SSR/N})/(\text{SST/N})=s_{\hat{Y}}^2/s_Y^2$,也可写成 $s_Y^2=s_{\hat{Y}}^2/R^2$。将 logit(Y)代替 Y 和 logit($\hat{Y}$)代替 $\hat{Y}$,我们可根据 logit(Y)预测值的标准偏差和解释方差去计算 logit(Y)的方差。因为标准偏差是方差的平方根,我们可以估计标准 logistic回归系数是:

$$b^*_{YX}=(b_{YX})(s_X)/\sqrt{s^2_{\text{logit}(\hat{Y})}/R^2}=(b_{YX})(s_X)(R)/s_{\text{logit}(\hat{Y})} \quad [3.1]$$

b^*_{YX}就是标准 logistic 回归系数，b_{YX}是非标准 logistic 回归系数，s_X是自变量 X 的标准偏差，$s^2_{\text{logit}(\hat{Y})}$是 logit($\hat{Y}$)的方差，$s_{\text{logit}(\hat{Y})}$是 logit($\hat{Y}$)的标准偏差，$R^2$ 是判定系数。

用现时 SAS 和 SPSS 去计算标准 logistic 回归系数，需要以下这些必要的步骤：

1. b：计算 logistic 回归模式以得出非标准 logistic 回归系数。储存 logistic 回归模型预测 Y 值。

2. R：利用 Y 的预测值去计算 R^2，R，η^2 或 η(这些量度都一样，用任何一个都可以)。

3. 利用 Y 的预测值去计算 logit(Y)的预测值，利用方程 $\log(\hat{Y})=\ln[\hat{Y}/(1-\hat{Y})]$。

4. $s_{\text{logit}(\hat{Y})}$：计算 logit($\hat{Y}$)的描述统计，包括标准偏差。

5. s_X：计算方程中所有自变量的标准偏差，只包括模型中出现过的个案(换言之，当计算描述统计时，利用 listwise 删除缺失值)。

6. 把 b，R(或 η)，s_X和$s_{\text{logit}(\hat{Y})}$代入方程 3.1 算出 b^*。

标准 logistic 回归系数 $b^*=bs_XR/s_Y$ 的解释很直接，与线性回归的标准系数相似：当 X 增加 1 个标准偏差，会导致 logit(Y)改变 b^* 个标准偏差。在图 1.4 的模型中，EDF5 的标准偏差、logit($\hat{Y}$)的标准偏差和 η 都是分开计算的。EDF5 的标准偏差是 4.24，logit($\hat{Y}$)的标准偏差是 $s_{\text{logit}(\hat{Y})}=1.72$，$R=\eta=0.5871$，$b=0.4068$。在方程 3.1 中，$b^*=(0.4068)(4.24)(0.5871)/1.72=0.591$。换言之，EDF5 增加 1 个标准

偏差,logit(PMRJ5)随之增加 0.591 个标准偏差。

表 3.1 概括了 SAS PROC LOGISTIC 和 SPSS LOGISTIC REGRESSION 的输出结果,还有已说明方差和预测效率的量度。

表 3.1 是否使用大麻的 logistic 回归分析结果

因变量	相关/预测效率	自变量	非标准 logistic 回归系数 (b)	b 的标准误差	b 的显著性	标准 logistic 回归系数
PMRJ5	$G_M = 108.257$ ($p = 0.000$)	EDF5	0.407	0.069	0.000	0.531
	$R_L^2 = 0.367$	BELIEF4	−0.118	0.060	0.048	−0.143
	$R^2 = 0.435$	SEX(男)	−1.514	0.405	0.000	−0.233
	$\lambda_p = 0.488$	ETHN			0.552	
		黑人	0.245	0.508	0.630	0.028
		其他	0.772	0.745	0.300	0.059
	$\tau_p = 0.604$	截距	−1.749	2.028	0.388	/

因变量与自变量的关系有显著性:$G_M = 108.257$,自由度=5,$p=0.000$。因变量与自变量的相关强度 $R_L^2 = 0.367$ 和 $R^2 = \eta^2 = 0.435$(后者来自图 3.1),表示因变量与它的预测变量有中等强度的相关性。预测效率指针也显示模型的预测力不错:$\lambda_p = 0.488$,$\tau_p = 0.604$,两者都有显著性 $p = 0.000$。

比较表 3.1 和图 3.3 发现,表 3.1 的标准系数与图 3.3(SAS 分析)的标准系数估计不同。这是因为在 SAS logistic 回归系数的计算中:$b^*_{SAS} = (b)(s_X)/(\pi/\sqrt{3}) = (b)(s_X)/1.8138$,$\pi\sqrt{3}$ 是标准 logistic 分布的标准偏差(正如标准正态

分布的标准偏差1)。SAS只提供部分“标准”,非完整的标准系数,没有考虑到 Y 或 logit(Y)的真实分布。另一种方法是只把自变量标准化。无论用SAS还是偏标准化的独立方法,与自变量对因变量的完全标准系数的排列是一样的,但很少会有人发现这个系数比完全标准系数 b^* 容易出现大于1或小于 -1 的情况,即使是在没有共线性或其他问题的情况下。完全标准的优点主要有:(1)相应的建构和说明与线性回归的标准系数相同;(2)可以把解释线性回归的标准系数的标准,同样应用于 logistic 回归。

如果我们简单地根据非标准化 logistic 回归系数(或相应地,根据发生比或概率),去评估自变量与PMRJ5的关系,性别SEX的影响最大,接着是EDF5和BELIEF4,而ETHN则没有统计意义。但如果用标准系数,EDF5就是最大(0.531,表3.1),接下来是SEX(-0.233)和BELIEF4(-0.143)。换言之,(1)EDF5增加1个标准偏差,logit(PMRJ5)相应增加0.531个标准偏差;(2)BELIEF4增加1个标准偏差,logit(PMRJ5)相应减少0.143个标准偏差;(3)性别增加1个标准偏差(“变成更男性化”),logit(PMRJ5)相应减少0.233个标准偏差。ETHN在统计上不是PMRJ有意义的预测变量,它每转变1个标准偏差,logit(PMRJ5)就会相应改变1/10个标准偏差。

SEX和ETHN增加一个标准偏差并不是指男女间或不同种族背景间的差异,这种差异在非标准 logistic 回归系数中反映出来。标准 logistic 回归系数的真正用途是通过把预测变量转化成同单位,比较其效果的强度。在描述实质结果时,像EDF5和BELIEF4这些没有量度单位的变量,选用标准系数比较合理。但像 ETHN 和 SEX(相应种族和性别间的差异)这种分类变量以及变量具有自然量度单位(寸、公升、元、事件数目),非标准或指数化系数比较合理。

第4节 | 指数化系数或发生比数比

图3.1方程内变量的最后一栏、图3.2中的参数估计的第三栏至最后一栏，以及图3.3最大似然估计分析的最后一栏，都是每个系数的发生比数比，如SPSS的Exp(*B*)和SAS的发生比数比。当自变量增加1个单位，我们可将发生比数比乘以使用大麻的发生比(概率除以1减去此概率)，当发生比数比大于1，表示当自变量增加时，使用大麻的发生比也会增加；当发生比数比小于1，表示当自变量增加时，使用大麻的发生比也会减少。例如EDF5增加1个单位，成为大麻用户的发生比会增加50.2%(成为大麻使用者的发生比乘以1.502)。BELIEF4增加1个单位，成为大麻用户的发生比会减少11.2%(成为大麻使用者的发生比乘以0.889，比1少0.112)。

这点很重要，发生比数比不是因变量和自变量关系的另类衡量。它所包含的信息与logistic回归系数或概率一样，只是表达形式有所不同。但发生比数比不能被当作标准logistic回归系数去比较各自变量对因变量影响的强度，如果所有发生比数比转换成大于1(或小于1)，就与非标准logistic回归系数排序相同，由最强排列到最弱。发生比数比跟logistic回归系数一样，只是形式不同，也没有更多的补充资料。

很多人错误地把发生比数比等同于风险率,有些人认为在某种程度的限制下,两者近乎相等(基数率少于 0.10)。一般而言,用发生比数比代表风险率会高估相关强度。男性的发生比数比 0.22(见图 3.1 和图 3.3)并不表示大麻使用的风险比女性多 1/5,或女性的发生比数比 4.5(见图 3.2)也不表示女性使用大麻的风险是男性的 5 倍。要比较男女使用大麻的相对风险,必须利用模型去计算概率,假设已知另外一个数值。举例来说,白人男性和女性进行比较,EDF5 平均水平等于 12,BELIEF4 等于 27,女性的概率 $e^{0.407(12)-0.118(27)-1.749}/(1+e^{0.407(12)-0.118(27)-1.749})=0.487$,男性的概率 $e^{0.407(12)-0.118(27)-1.514-1.749}/(1+e^{0.407(12)-0.118(27)-1.514-1.749})=0.173$。男女的相对风险约为 3 倍(女∶男=2.8∶1 或男∶女=0.35∶1),而不是 4 至 5 倍。

第5节｜分类预测变量:对比和解释

图3.1和表3.1用0和1去代表ETHN的不同可能值，这叫作指针编码，因为它显示类别特征存在或不存在。指针编码是处理logistic回归分析的设计变量的方法之一。另一个方法是SPSS LOGISTIC REGRESSION的简单编码，logistic回归系数中设计变量的简单对比与指针编码一致，只是截距有所不同。

另一个方法是离差编码，SPSS LOGISTIC REGRESSION默认的选项。离差编码将每个设计变量与自变量整体效果比较，类似比较回归或方差分析中三个分类的平均。在logistic回归中，离差编码量度每组logit与整体样本的平均logit存在偏差，因此，参考组不再是数字0。反之，它的系数等于其他类别的系数总和的负数。如果计算机时间比人工要贵，那人工计算被删除的系数会比较合理。但如果用个人计算机或免费计算机，把不同参考类别的两个模型都算出来就比较合适，这样不但可以得出全部三个分类的系数估计，还可得到删除的分类的标准偏差和统计显著性[17]。ETHN的离差编码模型的综合概要列在表3.2中。

除了改变ETHN个别系数，用不同指针变量的编码方案不会影响分析结果。种族组别的排列与图3.1一样(非西班牙欧裔美国人使用大麻概率最低,其他的概率较高),而不像表 3.1,表 3.2 补充了非裔美国人,如果种族效果呈显著性,那么,整体上与大麻使用概率成负相关。表 3.1 重组表 3.2 的指标对比系数,把表 3.2 中的每个系数减去非西班牙欧裔美国人系数−0.3388。因此,离差编码所提供数据与指针编码相似,但参考点不是一个类别,而是平均效果。

表 3.2 大麻使用普遍程度的 logistic 回归:种族的偏差编号

因变量	相关/预测效率	自变量	非标准 logistic 回归系数 (b)	b 的标准误差	b 的显著性	标准 logistic 回归系数
PMRJ5	$G_M = 108.257$ ($p = 0.000$)	EDF5	0.407	0.069	0.000	0.531
	$R_L^2 = 0.367$	BELIEF4	−0.118	0.060	0.048	−0.143
	$R^2 = 0.435$	SEX(男)	−1.514	0.405	0.000	−0.233
	$\lambda_p = 0.488$	ETHN			0.552	
		白人	−0.339	0.319	0.289	−0.044
		黑人			0.810	−0.011
		其他			0.388	0.033
	$\tau_p = 0.604$	截距	−1.140	2.042	0.490	/

SPSS logistic 回归分析中的其他对比包括赫尔默特(Helmert)、反向赫尔默特(reversed Helmert)、多项、重复和特别对比。赫尔默特、反向赫尔默特、直角正交和反复对比适用于检验定序预测变量不同类别的效果与类别排序是否一致。多项对比用于检验线性与非线性效果。用于定序变量的不同对比法不会影响模型拟合或分类、定序变量的显著性。这一结果显示,当类别间有自然断裂或明显线性或单向性时,变量编码可做适当的转变。最简单的定序对比是反复

对比(SPSS)和形象对比(SAS),这些方法是把自变量的每个分类,除了第一个(参考类)之外,与之前一个类别做比较。通过检查类别的系数,就可以知道自变量和因变量是否存在单向或线性的关系。如果正和负系数出现非系统规则,表示有非线性、非单向的关系存在,自变量最好视为名义变量而非定序变量。

当设计变量用来表示单一名义变量的效果时,设计变量就要被视为一个组群,而不是单独变量。个别设计变量的显著性应只视为一个组群对因变量的显著性。个别设计变量的统计意义应可解释为对是否与参考类别(指针编码)或分类变量的平均效应(离差编码)有显著性的差异,假定分类变量一开始就有显著效应。SPSS 检验名义变量效果的显著性(所有设计变量都包括)。SAS 也有类似的检验,使用逐步程序去比较有和没有包括所有代表种族的指标变量的名义变量模型。而定序对比设计变量的整体显著性只表示当分类变量被视为名义变量时,是否对因变量有显著影响;个别系数的显著性可能提供有关分类预测变量和因变量之间关系的重要信息,即使分类变量对因变量没有呈现显著影响。

第 6 节 | 交互作用

在一些统计软件中,我们只需加入指定交互作用的变项,软件就会把它放在方程内计算,并得出其与因变量的相关强度及显著性。另一些软件就必须分开计算交互作用的变项,才可加入模型中。唯一的复杂性是当涉及与名义变量(有两个或以上分类)的交互时,就需要比较是否包括所有交互项的模型,以确定是否具有统计和实质性的意义。在线性回归中,一个保守估计交互作用的统计意义方法,是看在模型中加入交互变项引致 R^2 有没有显著的变化,R^2 变化的幅度可以反映实质意义(加入交互变项能增加多少预测能力)。在logistic 回归中,相应的准则也是看 G_M 和 R_L^2 变化的显著性。

表 3.3 显示表 3.2 模型加入了两个交互变项:SEX 和 EDF5 的交互变项(检验男女接触违法朋友的影响是否不同)、SEX 和 BELIEF4 的交互变项(检验男女之违法观念的影响是否不同)。这是检验曲线的部分斜率的差异,曲线代表男女 PMRJ5 与 EDF5 和 BELIEF4 的关系,两个交互变项都没有显著性。但这两个变项加起来,G_M 有边缘性意义(4.656, $p = 0.098$), R_L^2 有轻微的增长(0.016),λ_p 减少(−0.025), τ_p 也减少(−0.019)。

表 3.3　性别与违法观念和接触违法朋友的交互作用检测

因变量	相关/预测效率	自变量	非标准 logistic 回归系数 (b)	b 的标准误差	b 的显著性	标准 logistic 回归系数
PMRJ5	$G_M = 112.913$ ($p = 0.000$)	EDF5	0.549	0.126	0.000	0.662
	$R_L^2 = 0.383$ (变化 $= 0.016$)	BELIEF4	-0.161	0.088	0.067	-0.180
		SEX(男)	-1.516	0.408	0.000	-0.215
	$R^2 = 0.435$ (没有变化)	ETHN			0.459	
		黑人	-0.303	0.516	0.558	-0.032
		其他	0.891	0.761	0.242	0.063
	$\lambda_p = 0.463$ (变化 $= -0.025$)	SEX×Z_{EDF}	-0.919	0.638	0.150	-0.187
	$\tau_p = 0.585$ (变化 $= -0.019$)	SEX×Z_{BELIEF}	0.451	0.491	0.358	0.084
		截距	-2.132	3.122	0.495	/

注：为避免出现共线性，交互项的 EDF5 和 BELIEF4 已标准化。因为当加入交互变项时，预测表多了两个假阴性。最合理的结论是违法观念和接触违法朋友对男女是否使用大麻的影响是一样的。

第 7 节 | 逐步 logistic 回归

逐步回归原则上可用于表 3.3 的交互作用分析,以检验使用大麻使用率的模型中是否适合加入交互变项。线性或 logistic 回归模型通常包括或删除某预测变量是根据计算器的算式程序,而不是直接由研究人士来决定的。因此,有些人不认同逐步方法是用于探索性研究的好方法(Agresti & Finlay, 1997:527—534; Hosmer & Lemeshow, 198:106);其他人批评它一开始就忽略要研究的某些现象(Studenmund & Cassidy, 1987)。我们在此不深入讨论逐步程序的争论,认为使用计算机控制选择变量的逐步程序不适用于理论检验,因为它利用数据的随机变化产生出来的结果往往是千变万化且难以在不同样本中重复得出相同的结果。

支持者则认为在两种情况下逐步程序是很有用的:纯粹预测和探索性研究。在纯粹预测研究中,由于不关注因果关系,只要确定含有一组预测变量的模型,就可以准确地预测某些现象。例如,大学招生办公室可能想知道哪些因素能精确地预测高校成功与否,不是用于做理论的发展,而纯粹是为选择生源。探索性研究有可能关注到预测和解释一个现象的理论建构和发展,当这一现象是新现象时,又很少研究文献或"理论"。例如,沃福德、埃利奥特和梅纳德(Wofford,

Elliott & Menard，1994)使用逐步程序的探索性研究。

沃福德等人研究家庭暴力的连续性，样本是从全国家庭中抽样 18 岁至 27 岁的青年男女。根据家庭暴力的文献，他们的研究分析包括了 26 个预测变量。作为研究的一部分，在 1984 年访问时，受访者报称，受害者或肇事者会在 1987 年接受重访，看看家庭暴力是否继续或自 1984 年就停止了。总共有 108 名妇女(原样本 807)在 1983 年接受访问时称自己是家庭暴力的受害者，1986 年又接受重访。沃福德等人建构了一个 logistic 回归模型，包括所有 26 个预测变量。因为在这方面的理论并不发达，加上个案数目相对于解释变量的数目较少，所以他们采用了逐步回归分析法。

逐步回归选用了向后淘汰法，而不是向前包括法。在某些情况下，变量可能呈显著性，因为另一个变量被控制或保持常数，这叫作抑制效应(Agresti & Finlay，1997：368)。向前包括法作为逐步回归的一个方法的缺点就是，抑制效应可能排除某些变量。但向后淘汰法已包含两个变量，所以未能找到存在的关系的风险较低。线性回归的向后淘汰法和向前包括法会产生同样的结果，但当向后淘汰法发现向前包括法找不到的关系时，两个结果就会不同。

为进一步防止未能找到一个存在的关系，应放松通用的 0.05 统计意义标准。阿菲菲等人(Afifi et al.，1977)的向前逐步回归研究认为 0.05 太低，常常不包括一些重要的变量。他们建议将统计意义标准的范围设在 0.15 至 0.20。当原假设是真的，拒绝原假设的风险会增加(找到一个确实不存在的关系)，但当原假设是假的，没有拒绝原假设的风险会降低(找不到确实存在的关系)。在探索性研究中，与理论检验恰恰相反，它往往比淘汰劣质预测变量更注重寻找良好的预测变量。沃福德等人审查了三种模型：一个含全部变量的全 logistic 回归方程模型；一个排除 p 大于 0.10 的变量的简化模型(实际上，这与使用 0.15 或 0.20 的标准一样)；以及一个排除 p 大于 0.05 的变量的简化模型。结果列于表 3.4。

表 3.4　持续的婚姻暴力受害者(女性)

$N=108$	模型 1 包括所有变量	模型 2 最大 $p=0.100$	模型 3 最大 $p=0.050$
模型 $\chi^2 G_M$ (自由度)	30.254 (28df)	21.284 (7df)	4.472 (1df)
G_M 的显著性	0.351	0.003	0.034
D_M	119.429	128.298	145.211
G_M 变化 (与前模型相比的自由度变化)	—	8.870 (21df)	16.812 (6df)
G_M 变化的显著性	—	0.99	0.010
R_L^2	0.202	0.150	0.030
τ_p	0.481	0.509	0.145

模型 2 中的预测变量

自　变　量	b	标准误差	p(基于似然率统计)
接受社会福利	1.88	0.95	0.03
社会阶层背景	−0.03	0.02	0.05
以前受到轻微的侵犯	1.24	0.53	0.02
以前受到严重的侵犯	−1.07	0.62	0.08
目睹父母的家庭暴力	−1.70	0.64	0.00
被另一半严重暴力对待的频率	0.12	0.06	0.05
寻求专业帮助	0.88	0.53	0.09

表 3.4 第一部分比较了三种模型。全模型的 G_M 没有显著性，表示预测变量在解释因变量的贡献方面不比机会率

好。模型的 χ^2 未达至统计意义的部分原因是样本太小，另一种可能是大量变量包括在模型中。模型 2($p < 0.10$) 的 G_M 很小但有显著性，模型 3 也是如此 ($p < 0.05$)，但他们都只有一个预测变量。模型 χ^2 的变化（或等同的，D_M 的变化），从模型 1 至模型 2 和从模型 1 至模型 3 的变化都没有显著性。但是，模型 2 至模型 3 的变化在 0.01 水平上有显著性。全模型 1 的 R_L^2 是 0.20，模型 2 的 R_L^2 减少到 0.15，模型 3 的 R_L^2 只有 0.03。模型 1 的 τ_p是 0.48；模型 2 增至 0.51，但模型 3 只有 0.14。

选用模型 2 做进一步的分析，是因为(1)降低模型的 G_M 有统计学意义，而完整模型没有；(2)模型 2 比模型 3 的模型拟合有更好的统计学意义，同时并不比全模型差；(3)模型 1 比模型 2 的 R_L^2 和 τ_p的变化相对较小（相反的方向），但模型 3 比模型 2 少得多。模型 2 的结果列在表 3.4 的下半部分。

表 3.4 显示了逐步 logistic 回归方法的几个要点，其中最重要的一点是，结果是非常初步的、尚未定论的。这是在寻找可能的预测变量，而不是具备说服力的理论检验。第二，逐步过程的重点在于比较全模型与降低模型。正如阿菲菲等人（Afifi et al.，1977）的建议，比较两者的拟合优度和预测效率统计，0.05 显著水平的标准似乎过于严格，需要选用一个更合理、更宽松的显著水平。第三，模型 2 所确认的预测变量是预测家庭暴力的颇好因素，但有些很容易受其他原因的影响（例如寻求专业帮助）。这些结果将促进进一步的理论发展和检验，但需要重复研究才能解释（最好有更明确的依据）和预测持续性家庭暴力的原因。

第4章

诊断 logistic 回归的介绍

当不符合 logistic 回归分析的假设时,计算 logistic 回归模型的效应可能会出现系数偏差、效率太低或无效的统计推断。偏差是指估计 logistic 回归系数出现过高或过低的系统性趋势,比起真正的系数来说太远或太近。低效率指系数有较大的标准偏差,相对于其数值来说,即使原假设是错误的,也将难以拒绝原假设(假设因变量和自变量不存在相关)。无效统计推断指计算 logistic 回归系数的显著性不准确。此外,高杠杆个案、样本的自变量有异常高或低的数值(不是因变量,它只有两个值),或在指定的自变测量值上,因变量有离群值,这都可能导致估计参数不相称。本章的重点是讨论不符合 logistic 回归假设所带来的后果、检测和修正方法,并简介审议检测异常值、高杠杆个案、logistic 回归具影响力的个案和处理方法。

第1节 | 设定误差

线性和 logistic 回归分析首要的假设是拟定的模型是正确的。

正确设定有两个元素：模型的函数形式是正确的，以及模型包含所有有关的自变量，没有无关的自变量。错误的模型指定可能得出有偏差的 logistic 回归系数，系数会出现系统性的高估或低估。在第1章中我们知道，应用线性回归分析于二分因变量会出现错误的模型指定，因此有必要研究 logistic 回归模型。logistic 回归模型的因变量是 logit(Y)与自变量呈线性组合，模型函数形式是不正确的。第一，logit(Y)可以与自变量呈非线性组合；第二，自变量之间的关系可能是相乘或交互，而不是相加。

logistic 函数的指定误差，相对于不同 S 型函数，并不算是个问题。奥尔德里奇和纳尔逊(Aldrich & Nelson, 1984)指出，logit 模型(基于 logistic 功能)和概率模型(基于正态分布)的结果极为相似。霍斯默和莱默苏(Hosmer & Lemeshow, 1989:168)指出，logistic 回归模型是高度灵活的，概率介于 0.2 至 0.8，能产生与其他模型非常类似的结果。

删除相关变量和包括无关变量

包括一个或多个不相关的变量会增加参数估计的标准误差,即减少估计的效率,但系数不会有偏差。标准误差的膨胀幅度取决于模型中的不相关变量与其他相关变量的大小。如果与模型中的其他变量完全不相关的话,标准差不会增加,但实际上这种可能性极小。

删除相关变量会导致自变量系数的偏差,其程度要根据删掉的变量与logistic 回归方程中的自变量的相关程度来确定。和线性回归(Berry & Feldman, 1985)类似,偏差的方向取决于被排除变量的参数与因变量效应的方向及包括在内的变量的方向。而偏差的幅度取决于被排除的变量和其他变量之间关系的强度。如果被排除变量的偏差与包括在内的变量不相关的话,系数不会偏差,但在实际情况中,这不可能发生。一般来说,偏差比低效率的问题更严重,但少量的偏差比严重的低效率好。

出现排除相关变量的错误,可能是因为现有的理论无法找出因变量的所有相关预测变量,或者理论上相关的变量都被删除了。如果错误地设定模型函数形式,就会出现删除变量的结果。非线性模型被断定成线性,计算上等同于排除了一个变量,一个代表因变量与自变量的非线性组合。非相加模型被断定为相加模型,相当于除去一个变量,尤其是建构模型中两变量的交互作用。无论被排除的变量是非线性的还是交互的,只有理论(或低到令人失望的 R_L^2 值)能帮助检测和纠正这个问题。当被排除变量真的是非线性或交互的,变量函数会出现在方程中，那检测和纠正问题可能会比较容易。

logit 的非线性

在线性回归模型中，因变量的变化与自变量每个单位的改变的关系是成常数的，即自变量的回归系数。如果 Y 对 X 每改变一个单位的变化是依赖于 X 值（正如 Y 是二分变量），那么这种关系是非线性的。相应地，当 logit(Y) 为因变量，如果 logit(Y) 的变量随着 X 每个单位的变化呈常数，同时不依赖于 X 值，我们说这个 logistic 回归模型是线性形式或者 logit 呈线性关系，以及 logit(Y) 的改变与 X 每单位的变化等于 logistic 回归系数。如果关系在 logit 中不是线性的，logit(Y) 的改变与 X 每个单位的变化就不是常数，而且依赖于 X 值。

检测因变量 logit(Y) 与每个自变量之间非线性关系有几种可能的方法（Hosmer & Lemeshow，1989：88—91）：一是把每个自变量作为分类变量，并使用正交多项式的对比来检验二元 logistic 回归或多元 logistic 回归模型中的线性、二次、三次和高阶效应。如果自变量有大量的分类（例如 20 类），标准误差倾向就会比较大，无论是线性或非线性效应可能都没有显著性，即使事实上有显著的线性效应存在。二是用霍斯默和莱默苏（Hosmer & Lemeshow，1989：90）所描述的博克斯-蒂德韦尔（Box-Tidwell）转化，就是在方程中加入 $X \ln(X)$（X 乘以 X 的自然对数）。如果这个变量的系数是有显著意义的，那么证据显示 logit(Y) 和 X 有非线性关系。霍斯默和莱默苏指出这个程序不能很敏锐地检验出弱小的偏脱机性,也不能指出确切的非线性形式。如果关系是非线性的,有必要做进一步调查以确定非线性的形式。

第三种方法也是霍斯默和莱默苏所建议的,即根据自变量的数值把个案分成不同组别,计算每组因变量 Y 的平均值,然后把每组 Y 的平均值转成 logit,再对自变测量值作图。对于自变量 X 的每一个数值 i,Y 的平均值是 $P(Y=1 \mid X=i)$ 的概率。但这个程序会出现一个问题,对任何 X 值来说,Y 是 1 或 0。如果是这样的话,我们无法计算 logit(Y),它等于正负无限大。解决方法是把相邻类似但相等概率的类别组合起来。但是这可能会掩盖某些非线性的关系。另一个可能性是给那些平均值为 1 的组别指定一个任意大的平均值(例如 0.99),给那些平均值为 0 的组别指定一个任意小的平均值(0.01)。这种方法有助于确定非线性的模式,而且图像显示有助于识别自变量或因变量与自变量组合的异常个案。

表 4.1 列出了非线性博克斯-蒂德韦尔检验的结果。表 4.1 的第一部分将这两个非线性项 BTEDF = (EDF5)ln(EDF5) 和 BTBEL = (BELIEF4)ln(BELIEF4) 加到模型中。这两个非线性交互项都呈显著性(G_M 的变化 = 15.066,自由度 = 2,$p=0.005$),但基于 G_X(每个非线性项的似然率统计),只有 BTBE 呈显著性($G_X=9.932$,自由度 = 1,$p=0.002$),BTEXP 的 $G_X=2.226$,自由度 = 1,$p=0.136$。当模型不包括 BTEXP 时,BTBEL 的系数仍有显著性($G_X=12.839$,自由度 = 1,$p=0.000$),包括 BTBEL,R_L^2 值增加 0.034(3.4%)。

表 4.1 博克斯-蒂德韦尔正态检验

因变量	相关/预测效率	自变量	非标准 logistic 回归系数 (b)	b 的标准误差	b 的显著性（基于似然率 G_X）	标准 logistic 回归系数
PMRJ5	$G_M = 123.322$	EDF5	2.415	1.191	0.076	3.073
	$(p = 0.000)$					
$n = 227$	$R_L^2 = 0.418$	BELIEF4	3.620	1.421	0.002	−4.272
	G_M 的变化 =	SEX(男)	−1.660	0.428	0.000	−0.249
	15.065($p = 0.001$)	ETHN			0.516	
	(对基本模型)	黑人	0.333	0.536	0.535	0.036
	(表 3.1)	其他	0.859	0.817	0.293	0.063
	R_L^2 的变化 = 0.051	BTEDF	−0.551	0.325	0.136	−1.620
	(对基本模型)	BTBEL	−0.891	0.340	0.002	−4.172
		截距	−29.210	8.733	0.001	—
PMRJ5	$G_M = 125.195$	EDF5	2.411	1.184	0.076	3.012
	$(p = 0.000)$					
$n = 225$	$R_L^2 = 0.427$	BELIEF4	1.380	2.812	0.644	−1.503
	G_M 的变化 =	SEX(男)	−1.676	0.436	0.000	−0.249
	2.561($p = 0.278$)	ETHN			0.530	
	(对基本模型)	黑人	0.342	0.534	0.522	0.036
	($n = 225$)	其他	0.823	0.814	0.312	0.060
	R_L^2 的变化 = 0.009	BTEDF	−0.555	0.323	0.137	−2.551
	(对基本模型)	BTBEL	−0.371	0.660	0.599	−1.716
	($n = 0.225$)					
		截距	−15.541	17.134	0.364	—

图 4.1 显示了为什么 PMRJ5 与 BELIEF4 的关系是非线性的。因为 PMRJ5 的平均值用于计算每个 BELIEF4 的数值，而且 BELIEF4 几个值的 PMRJ5 平均值是 0 或 1，数值 1 被重新编码为 0.99，0 被重新编码为 0.01。接着，把每个平均值的 logit 对 BELIEF4 做出来。在图像的左下象限有两个离群值，都是单一个案，表示受访者对违法是错误的行为

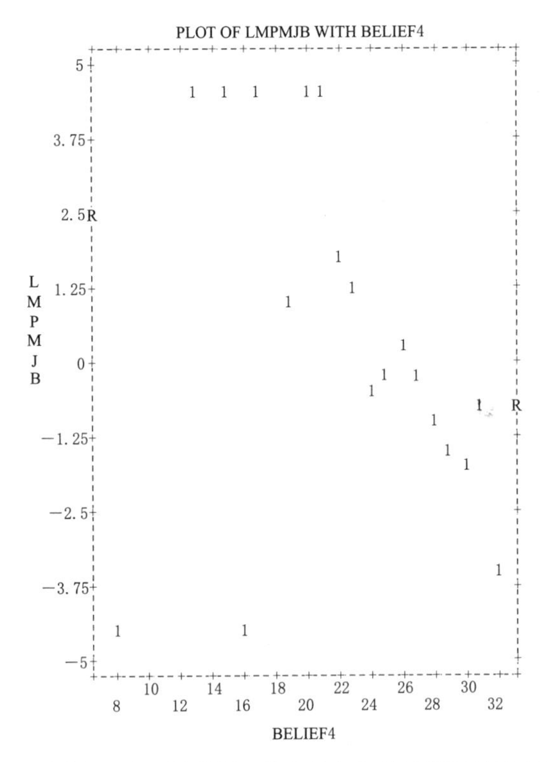

注:单独的分类自变量和截距都没有似然率统计,其显著性的计算是基于沃德统计,LMPMJB= 每个 BELIEF4 数值的大麻使用率平均值的对数,BELIEF4 = 相信违法是错误的。

图 4.1 logistic 回归的诊断:非线性检验

这一观念只有薄弱的意识,但报告没有使用大麻。除了这两个个案,图像不再出现大幅度偏脱机性的情况。表 4.1 第二部分证实了,删除这两个个案后的分析显示,BTEDF 和 BTBEL 无论是分开还是组合在一起,都没有对 PMRJ5 的 logit 有显著的影响。这些个案是否应予删除或保留将留待后文讨论。

非相加性

如果因变量的变化是随着自变量的数值而改变的话，因变量与自变量的关系就是非线性。因变量的改变随自变量每单位的改变是取决于另一个自变测量值。例如，接触违法朋友这一变量每改变一个单位，持有相信违法行为是错误的观念在薄弱至中等水平的受访者(更容易受到同伴的影响)，比起持有相信违法行为是错误的观念在强烈水平的受访者(可能较不容易受朋辈的影响)，在大麻使用频率或普及性上，前者可能会有更大的变化。相加性的检测并非如线性或 logistic 回归的非线性检测一样简单。除非理论提供了一些指引，我们通常会检验直观上有交互作用的变项，或所有可能的交互变项。后者对简单的模型比较可行，但当模型中的变项测量数目增加，就会变得很繁杂并导致越来越多的随机抽样误差出现的风险。

表 3.3 的例子检验一个交互效应，结果显示：男性与女性接触违法朋友和违法观念对其使用大麻使用率没有显著区别。这是一个连续预测变量(实际上是两个：EDF5 和 BELIEF4)与一个二分变量的例子。其他可能性包括两个分类变量(SEX 和 ETHN)，或两个连续变量(EDF5 和 BELIEF4)的交互作用。

第 2 节 | 共线性

当自变量彼此相关会出现共线性(或共线性或多重)。完美共线性是指一个自变量与其他自变量完美线性相关。如果我们把每个自变量当作模型中的因变量,用其他自变量去预测,完美共线性会导致每个自变量得出 $R^2=1$。当完美共线性存在的话,就不可能取得唯一的回归系数估计,任何一个(无限可能的组合)都适用于线性回归系数或 logistic 回归系数。完美共线性是罕见的,除非被疏漏掉:包括三个变量,其中一个是其他两个的总和,便是一个例子。

但不完美的共线性是相当普遍的。自变量之间的任何相关都是共线性。自变量中的共线性增加,线性和 logistic 回归系数也不偏差,而且效率一样(已知自变量之间的关系),但线性或 logistic 回归系数的标准误差会比较大。不可能有更多有效率而不偏差的估计,效率水平的估计可能会很差。低度共线性一般不存在问题,但高度共线性(至少有一个自变量的 $R^2=0.80$ 或以上)可能会造成问题,很高共线(至少一个自变量 $R^2=0.90$ 或以上)几乎肯定系数不显著,即使可能系数相当大。共线往往令线性和 logistic 回归的系数出现不合理的高:我们有一个粗略的准则,当标准 logistic 或线性回归系数大于 1 或非标准 logistic 回归系数大于 2 时,需确定是否有共线性存在。

线性回归的共线性检测非常简单直接。被广泛使用的软件程序的最标准回归程序提供每个自变量的 R^2 的最好或部分功能，当把该自变量视为因变量时，所有其他自变量可以被当作预测变量。例如，SAS 的 PROC LOGISTIC 和 SPSS LOGISTIC 的宽容统计 $1-R_X^2$，R_X^2 是每个自变量 X 用所有其他自变量去预测得到的决定系数。依据前文的简单准则，当宽容统计少于 0.20 时，要注意，当宽容少于 0.10，几乎可以肯定有严重共线性的问题。虽然 SAS 的 PROC LOGISTIC 或 SPSS LOGISTIC 回归没有宽容统计，但是可以通过线性回归模型计算出来，这一模型的因变量和自变量与 logistic 回归模型相同。因为关注自变量间的关系，因变量的模型函数形式与共线估计无关。

表 4.1 是两个非线性项 BTEDF 和 BTBEL 的模型，logistic 回归系数有点高，EDF5，BELIEF4，BTEDF 和BTBEL的标准 logistic 回归系数均大于 1。这表明非线性模型的共线性可能存在。表 4.2 列出共线性统计量估算方法是 OLS 回归。第一，“基本模式”是 logistic 回归模型(表 3.1 的模型)。第二，表 4.1 的上半部分包括非线性项 BTEDF 和 BTBEL 的“非线性模型”。对于基本模型，在这两个模型中，黑人和其他的 ETHN 设计变量的所有宽容统计都超过 0.70，表示没有严重的共线性。对于非线性模型，表 4.2 证明表 4.1 的标准化系数：性别和两个 ETHN 设计变量的宽容统计仍然很高，但 BTEDF 和 BTBEL 与 EDF5 和 BELIEF4 的宽容统计少于 0.01，表示有严重共线。共线性很容易被检测，但很少有有效的补救措施。删除涉及共线的变量会有遗漏变量的

偏误,把共线性的变量组合成单一变量,例如,利用因素分析,理论(如有)用于建构你的模型或数据收集的测量过程会出现错误,可以参考分析结果做进一步推论。岭回归(Schaefer, 1986)允许我们通过增加变量的估计方差,产生有些偏差但实际效率高的估计,从而减少被解释的方差比例。或许最安全的策略是集中模型中所有变量的综合影响,同时承认高共线性的存在,个别预测变量的结论会不稳定。如想更详细地讨论共线性的补救办法,请参考贝里和费尔德曼(Berry & Feldman, 1985:46—50)或福克斯(Fox, 1991)的著作。简单地说,高共线性没有真正令人满意的解决办法。

表 4.2 共线检验

因变量	自变量	宽容度	
		基本模型	非线性模型
PMRJ5	EDF5	0.717	0.00249
	BELIEF4	0.707	0.00148
	性别(男性)	0.994	0.994
	ETHN		
	黑人	0.959	0.958
	其他	0.983	0.974
	BTEDF	—	0.00253
	BTBEL	—	0.00147

第3节｜数值问题：零格数和完全分离

共线性的存在不一定表示模型或模型理论有什么不妥当。相反，问题在于研究数据（自变量之间具有高度相关性）。有两个问题与此相关：格数内的数值为0和完全分离。当因变量对自变量的一个或多个值都没有变异的话，格数数值会出现0。例如种族中的其他类别，如果所有受访者都报称使用大麻（或者没有使用大麻），那么大麻使用和种族关系列联表的格数会出现0。在使用大麻者中，白人和黑人受访者的发生比是 $1/(1-1)=1-0=+\infty$，同时 $\text{logit}=\ln(\text{odds})$ 也会呈 $+\infty$，无限大。如果这组大麻使用率等于0，发生比等于 $0/(1-0)=0$，同时 $\text{logit}=\ln(0)=-\infty$，无限小。当个案的发生比是0或1时，这不是一个问题，但根据分类自变测量值定义而得出整个组别或全部个案是0或1的话，该类别的系数就会出现非常高的估计标准误差（包括参考类别）。

分类变量，特别是名义变量会出现格数值为0的问题。对于连续变量和定序分类变量，通常自变量的0或1数值都有其代表的意义，原因是假定因变量和连续预测变量具有某种模式的关系（线性回归的线性，logistic 回归的对数），并可使用该模式去填补因变量对自变量的分布上的空白。我们无法假设分类变量有这种情况。相反,当我们发现分类预测变量的格数值为 0 时,必须选择:(1)接受高的标准误差和不确定的 logistic 回归系数;(2)重新编码自变量成更有意义的分类(可以将分类组合在一起或删除有问题的分类),以消除格数值为 0 的问题;(3)列联表的每格都加上一个常量以消除零数值。

和每个预测变量效应相比,如果我们更关注所有预测变量与因变量的整体关系,那么第一种选择就更容易接受。整体模型是否适合应不受格数值 0 的影响。第三种选择没有严重的弊病,但霍斯默和莱默苏(Hosmer & Lemeshow, 1989:127)提出,它可能不适合较复杂的分析。第二个选择会导致自变量的测量比较粗略,令其与因变量的关系强度出现偏差和趋向 0。但是,如果有些分类自变量之间有概念的联系,或如果因变量对自变量的某些类别的分布都很类似,这可能是一个合理的选择,通常可被用在单元变量和二元变量的数据筛选中。本章一直有个隐藏的例子:种族编码。在最初的调查中,种族分为六大类:非西班牙欧裔美国人、非裔美国人、西班牙裔美国人、印第安人、亚裔美国人和其他。因为最后四类个案少,所以合成"其他"类别。如果保留原来的形式,格数值 0 的问题会严重破坏统计分析。

如果自变量太成功地预测因变量,就有完全分离的问题。logistic 回归系数及标准误差往往趋向为极大。因变量将被完美地预测到:$G_M = D_0$,$D_M = 0$,$R_L^2 = 1$。如果分开不是完全的(有时称为假完全分离),logistic 回归系数及其标准误差仍是非常大的。图 4.2 是一个基于随意加上数字的假分离例子。

Model Summary

Step	-2 Log likelihood	Cox & Snell R Square	Nagelkerke R Square
1	13.003	0.654	0.872

Omnibus Tests of Model Coefficients

		Chi-square	df	Sig.
Step 1	Step	42.448	1	0.000
	Block	42.448	1	0.000
	Model	42.448	1	0.000

Classification Table(a)

			Predicted		
			TRUE		Percentage Correct
	Observed		0	1	
Step 1	TRUE	0	19	1	95.0
		1	1	19	95.0
	Overall Percentage				95.0

a The cut value is 0.500

Variables in the Equation

		B	S.E.	Wald	df	Sig.	Exp(B)
Step 1(a)	P3	219.720	74.535	8.690	1	0.003	2.65E+95
	Constant	-109.860	37.275	8.687	1	0.003	0.000

a Variable(s) entered on step 1: P3.

```
        Step number: 1

        Observed Groups and Predicted Probabilities

     16 +                                                      +
 F
 R   12 +                                                      +
 E
 Q      |0    1                                         1    1|
 U      |0    0                                         1    1|
 E    8 +0    0                                         1    1+
 N      |0    0                                         1    1|
 C      |0    0                                         1    1|
 Y      |0    0                                         1    1|
      4 +0    0                                         1    1+
        |0    0                                         1    1|
        |0    0                                         1    1|
        |0    0                                         0    1|
Predicted ---------------------------------------------------------
  Prob:   0          0.25          0.5          0.75          1
  Group:  000000000000000000000000000000111111111111111111111111111111

        Predicted Probability is of Membership for 1
        The Cut Value is 0.50
        Symbols: 0 - 0
                 1 - 1
        Each Symbol Represents 1 Case.
```

图 4.2　近似完全分离

二元 logistic 关系会出现完全分离的现象，logistic 回归模型不能计算出来。虽然完全分离本质上没有什么错（但毕竟我们努力实现达至完美的预测），但是实际上它往往会引起我们的怀疑，因为它在现实世界中几乎不会存在。完全或假完全分离可能表示数据或分析出现问题，例如，变量与个案的数目太相近。

共线性、格数值为 0 和完全分离有相同的症状,就是标准误差非常大,往往但不一定出现大的系数(Hosmer & Lemeshow, 1989)。因此会导致模型出现低效率的参数估计,但不知道导致偏差的参数或不准确的(与低效率相反)的推论的原因。格数值为 0 可以在 logistic 回归分析前,通过单项因素和二元变量分析查出来。完全分离可能表明没有错误需要纠正,或者就是辉煌的理论和分析上的突破,但最有可能存在问题。共线性是三个问题中最令人烦恼的,因为它表明不是理论或运作上有缺陷,就是数据出现问题,这些都扰乱了理论的检验。这一理论关注个别预测变量的效应,而不是所有变量的综合影响。像格数值为 0,可以在 logistic 回归分析前检测到共线性(在良好多元回归软件的帮助下)。如果能查到问题,那么如何解决也是一门艺术而非科学。

第 4 节　残差分析[18]

在线性回归中，残差通常会写成 e 和 $e_j = Y_j - \hat{Y}_j$，就是个案 j 的 Y 观测和预测值的差别。这应该与预测误差 ϵ_j 区分开，它是整体 Y_j 的真正值（该值与样本的 Y 的观测值不同，因为有量度误差）与 Y_j 的估计值 $\hat{Y}_j$ 的差别（Berry，1993）。在线性回归中，如果要将样本的结果推论到整体，误差有某些必要的假设，包括平均值为 0、常数方差或同方差、正态分布、误差间无相关和误差与自变量不相关。

有时我们会利用残差去验证这些假设，e_j 作为 ϵ_j 的估计值。当违反某些假设时（零平均值、正态分布），问题相对较小，但违反其他假设便是大问题。异方差会增加标准差并导致检验的统计意义不准确，以及本身可能出现非相加或非线性的特征。与自变量相关，误差变项通常会显示错误的指定，这会使统计推论出现偏差、低效率或不准确的现象。

在线性回归中，残差直接由回归方程计算出来。logistic 回归是根据不同的分析概念产生不同的层次（概率、发生比、logit）的残差。logistic 回归的残差分析的主要目的是要确定该个案在哪个模型中表现不佳，或对哪个模型的估计参数影响较多。

观测和预测概率之差是 $e_j = P(Y_j = 1) - \hat{P}(Y_j = 1)$，其

中 $\hat{P}(Y_j)=1$ 是模型 $Y=1$ 的估计。正如霍斯默和莱默苏所解释的,在线性回归中,我们可以假设误差与 Y 条件平均值相互独立,但在 logistic 回归中,误差方差是条件平均值的一个函数。为此,残差(估计误差)的标准化要通过调整他们的标准误差来实现。皮尔逊残差(Hosmer & Lemeshow, 1989)或标准残差(SPSS)或卡方(SAS)的残差是:

$$r_j = z_j = x_j = \frac{P(Y_j=1) - \hat{P}(Y_j=1)}{\sqrt{\hat{P}(Y_j=1)[1-\hat{P}(Y_j=1)]}}$$

这只是观测和估计概率的差别除以估计概率的二项标准偏差。对于大样本,标准残余 z_j 应该是平均值为 0 和标准偏差为 1 的正态分布。z_j 大的正或负值表示,个案 j 的模型拟合度很差。因为 z_j 应该是正态分布,95%的案件的数值应在 −2 和 2 之间,99%的案件的数值应在 −2.5 和 2.5 之间。

一种替代或补充皮尔逊残差的是偏离残差:$d_j = -2\ln$(正确组别的预测概率)。偏离残差指的是每个个案对 D_M 的贡献。如 z_j,对于大样本,d_j 应是平均值为 0 和标准偏差为 1 的正态分布。第三个残差,残差 logit,等于残差 e_j 除以其方差(而非其标准残差的标准偏差),写成:

$$l_j = \frac{P(Y_j=1) - \hat{P}(Y_j=1)}{\hat{P}(Y_j=1)[1-\hat{P}(Y_j=1)]}$$

残差的非正态性

OLS 回归通常假设误差为正态分布。在小样本中,如果违反这一假设，则基于回归方程（例如回归系数的显著性），它呈现出不准确的统计推断。但在大样本中，不准确的统计推断被认为是不重要的，因为根据中心极限定理，它表示重复抽样足够大的样本所得出的回归系数会呈正态分布，其平均值（相当于整体人口的平均数）和方差是已知的。在 logistic 回归中，误差没有假设呈正态分布。相反，它假设误差呈二项分布，只在大样本时才接近正态分布。如果残差是用来估计误差，同时是正态分布（大样本）的，我们就会更有信心地认为，我们的统计推断是正确的，因为正态（我们正考虑的分布）和二项（假定分布）在大样本下接近相同。不同于线性回归分析，如果我们发现小样本的残差不是正态分布的，就不必太担心有关统计推断的效度。我们可以用 SPSS（1999b）将标准或偏离残差对正态曲线作图，或正态概率图。更重要的是，我们可以使用标准残差和偏离残差去确定个案的模型拟合不佳，正或负的标准或偏离残差的绝对值大于 2 的个案[19]，可以帮助我们确定对模型拟合有不良影响，或对模型参数估计有巨大影响的个案。

检测和处理有影响力的个案

我们可以通过杠杆统计的高数值，或最大值 h_i，把对 logistic 回归模型中的参数有潜在巨大影响的个案找出来[20]。在线性回归中，杠杆统计来自方程 $\hat{Y}_j = h_{1j}Y_1 + h_{2j}Y_2 + \cdots + h_{jn}Y_k = \sum h_{ij}Y_i$，它代表个案 j 的 Y 预测值，正如个案 j 和其他个案的 Y 观测值的函数（Fox，1991）。每个系数 h_{ij} 捕捉 Y_i 观测值对预测值 $\hat{Y}_j$ 的影响，可写成 $h_{ii} =$

$\sum(h_{ij})^2$，所以如果我们指定 $h_i = h_{ii}$，就会得到在样本所有个案中，Y_i 对 Y 预测值的整体影响。同样的杠杆统计也衍生于 logistic 回归(Hosmer & Lemeshow，1989:150—151)，数值介于 0(没有影响)和 1(完全确定模型的参数)。一个独立方程含有 K 个自变量(包括每个设计变量)，或者同等的，在一个方程中，有 k 自由度与 G_M 相关，h_i 的总和等于 $k+1$ 和 h_i 的平均值 $\sum h_i/N=(k+1)/N$。如果个案的最大值大于 $(k+1)/N$，就是高杠杆个案。

其他检测具有影响力个案的方法包括皮尔逊卡方平方变化和将个案从分析中删除后的 D_M 变化。删除个案 j，皮尔逊 χ^2 的变化是：$\Delta\chi_j^2 = z_j^2/(1-h_j)$，其中 z_j 是个案 j 的标准残差，h_j 是其统计杠杆。D_M 的变化是：$\Delta D_j = d_j^2 - z_j^2 h_j/(1-h_j) = d_j^2 - h_j(\Delta\chi^2)$，其中 d_j 是个案 j 的偏离残差，z_j 是个案 j 的标准残差，h_j 是个案 j 的杠杆统计。

ΔD_j 和 $\Delta_j\chi_j^2$ 是 χ^2 的分布，可借此解释它们的数值。它们各自的平方根应接近正态分布。如果 $\sqrt{\Delta D_j}$ (SPSS LOGISTIC回归的学生化残差或 SAS PROC LOGISTIC 的 C)或 $\sqrt{\Delta\chi_j^2}$ 小于－2 或大于 2，这显示该个案可能不能很好地拟合模型而需要对个案多加留意。$z_j^2 h_j/(1-h_j)$ 的数值表示因为删除个别观测导致回归估计的整体变化，这些数值显示在 SAS PROC LOGISTIC 的可选统计 CBAR 和 SPSS LOGISTIC 回归的 Cook 距离。量度的标准化可以用 $(1-h_j)$ 除以 Cook 距离；$z_j^2 h_j/(1-h_j)^2 = \text{dbeta}$，这是删除个案 j 导致的回归系数的标准改变。前面所描述的杠杆统计和相关统计是总结个案对模型估计的指针。如果想要更详细的资料，可观察当删除某一个案时，每个系数的变化。SPSS 和 SAS 都把 logistic 回归系数的变化写成 DFBETA。

离群值和残差图

表 4.3 列出残差分析的结果。如果个案的 $\sqrt{\Delta D_j}$ 小于 -2 或大于 2 就会检查该个案。该表列出了个案序号、个案观测和预测值、皮尔逊残差(ZResid)、学生化残差(SResid)和偏离残差(Dev)、杠杆(Lever)和已删除的残差 ΔD_j(DIFDEV)、$\Delta\chi^2$(DIFCHI)和 dbeta(DBETA)。表 4.3 的 A 部分显示表 3.1 模型的残差，B 部分显示删除最极端的离群者，这是图 4.1 分析中两个被确定非线性的其中一个，C 部分显示，从图 4.1 删除两个离群者后的分析结果。

表 4.3 的指标基本上是多余的，皮尔逊 χ^2 的变化 DIFCHI ($\Delta\chi^2$)大约等于皮尔逊残差的平方。偏离残差 Dev(d_j)大约等于学生化残差，同时偏离残差 DIFDEV(ΔD_j)也等于学生化残差的平方。基于皮尔逊 χ^2 的残差大于基于 D_M 的残差，但它们所提供的有关个案的基本信息是相同的。杠杆和 DBETA 提供数据不能做其他诊断。进一步的分析将集中在皮尔逊残差、学生化残差、杠杆和 DBETA。

在 A 部分，个案编号 178 最突出，皮尔逊残差是 -10.7，学生化残差的绝对值大于 3，DBETA 大于 1，所有指针都显示极端不适合。删除该个案，G_M 明显改善了 9.899($df=1$, $p=0.003$) 和 R_L^2 增加 0.034。显然，删除该个案，模型拟合更好。在 B 部分，删除个案 178 后，没有其他个案这样明显地偏离。个案 148 有最高的皮尔逊残差和最高的学生化残

表 4.3 logistic 回归诊断概要

个案	PMRJ5 的观测值	Pred	ZResid	Dev	SResid	Lever	DIFCHI	DIFDEV	DBETA
				A. 全模型					
66	1	0.0991	3.0143	2.1500	2.1637	0.0127	9.20	4.68	0.12
94	0	0.8608	−2.4864	−1.9858	−2.0325	0.0455	6.48	4.13	0.31
139	1	0.0815	3.3565	2.2391	2.2668	0.0243	11.55	5.14	0.29
148	1	0.0612	3.9183	2.3641	2.3762	0.0102	15.51	5.65	0.16
178	0	0.9914	−10.7055	−3.0823	−3.0983	0.0103	115.80	9.60	1.21
201	1	0.0650	3.7937	2.3383	2.3526	0.0121	14.57	5.53	0.18
$G_M = 108.257$		$5df$	$p = 0.0000$	$R_L^2 = 0.367$					
				B. 删除最极端的个案					
1	0	0.9122	−3.2239	−2.2059	−2.2557	0.0436	10.87	5.09	0.50
66	1	0.0894	3.1913	2.1975	2.2116	0.0127	10.32	4.89	0.13
94	0	0.8786	−2.6903	−2.0536	−2.0999	0.0436	7.57	4.41	0.34
139	1	0.08613	0.2577	2.2146	2.2444	0.0264	10.90	5.04	0.30
148	1	0.05104	0.3137	2.4396	2.4515	0.0097	18.79	6.01	0.18
200	1	0.06613	0.7601	2.3312	2.3463	0.0129	14.32	5.51	0.19
$G_M = 118.156$		$5df$	$p = 0.0000$	$R_L^2 = 0.401$					

续表

个案	PMRJ5 的观测值	Pred	ZResid	Dev	SResid	Lever	DIFCHI	DIFDEV	DBETA
C. 删除图 4.1 的离群个案									
66	1	0.0808	3.3732	2.2432	2.2573	0.0125	11.52	5.10	0.15
94	0	0.8858	−2.7852	−2.0832	−2.1289	0.0425	8.10	4.53	0.36
133	0	0.8675	−2.5584	−2.0105	−2.0506	0.0387	6.81	4.20	0.27
139	1	0.0885	3.2099	2.2023	2.2332	0.0275	10.59	4.99	0.30
148	1	0.0441	4.6536	2.4982	2.5097	0.0092	21.86	6.30	0.20
200	1	0.0675	3.7175	2.3221	2.3378	0.0135	14.01	5.47	0.19
$G_{\mathrm{M}} = 122.634$		$5df$	$p = 0.0000$	$R_{\mathrm{L}}^2 = 0.416$					

注:列出所有学生化残差大于 2.0000000 的个案。

差,但把它删除后,对 logistic 回归系数的影响不大。个案 1 对logistic 回归系数 (DBETA = 0.50) 的影响更大,而且它的皮尔逊残差程度位居第四,学生化残差位居第三,6 个个案的偏离残差被选定为离群。个案 1 还有另一个附加特点,就是图 4.1 确定的两个离群者的一个有非线性。把个案 1 删掉,G_{M} 提高了 4.478($df=1$, $p=0.038$) ,R_{L}^2 增加了 0.015,不过删掉个案 1 的结果改善幅度比删掉个案 178 的少。

个案 1 和个案 178 应该从分析中删除吗? 答案是要再做更深入的检验。这两个个案都是白人,一男一女,报告其持有违法是错误的意识较弱,也没有使用大麻或毒品,而且很少喝酒。在认为违法是错误的观点上,个案 1(女)比个案 178(男)的意识稍强,接触违法朋友的水平也较低,因此比个案 178 更不符合该模型。虽然很特别,但结果都可信,所以两种个案都应保留下来。这也许对扩展该模型有帮助,模型该包括哪些变量,才能解释为什么一个人认为违法没有大错,但自己又不喝酒、吸食大麻或其他非法毒品呢?

休梅克等人(Shoemaker et al., 1984)以及霍斯默和莱默苏(Hosmer & Lemeshow, 1989)都认为可应用图形技术诊断 logistic 回归,视觉比数字更直观、更有吸引力。例如霍斯默和莱默苏(Hosmer & Lemeshow, 1989)建议将 DIFCHI, DIFDEV 和 DBETA 与预测值作图,以检测离群个案。图 4.3 第一栏的图就是一个例子,每个图中都有两条曲线,一个从左至右下滑(个案的 PMRJ5 观测值是 1),另一个从左至右增加(个案的 PMRJ5 观测值是 0)。图左上角和右上角的个案的模型拟合较差。从 χ^2 变化(DIFCHI)对预测值的图像看到,有一个个案是极端的离群者,它的 DIFCHI 大于 100。

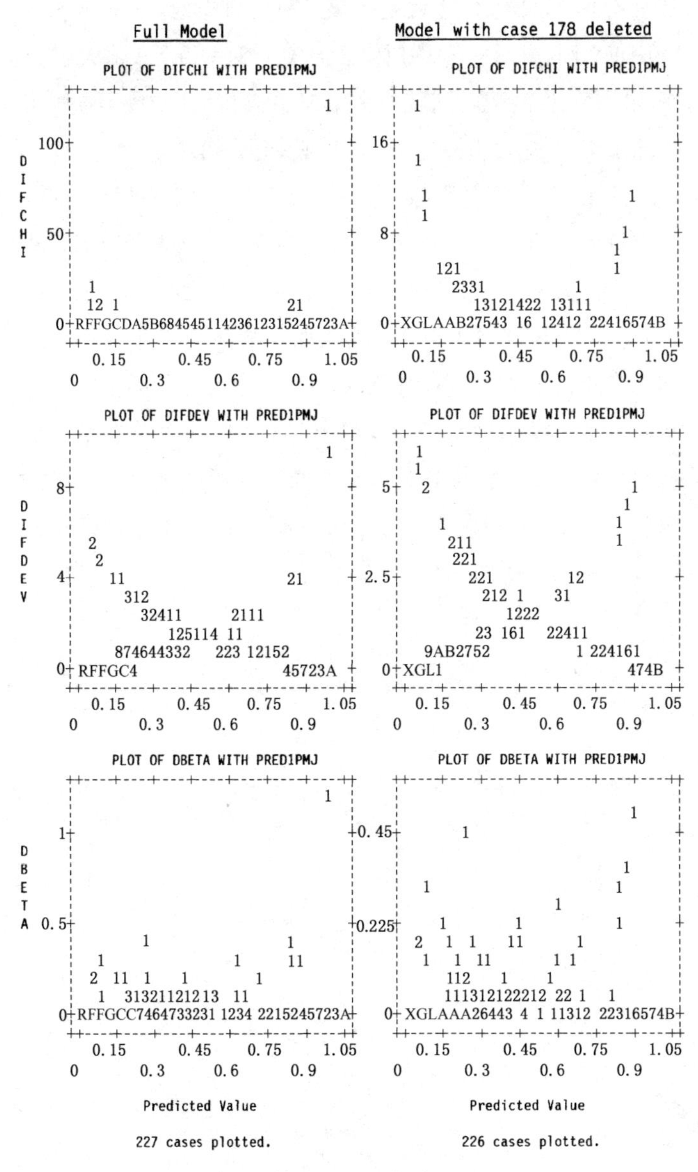

图 4.3　logistic 回归诊断图

从表 4.3 可以看到,这就是个案 178。同样地,个案 178 的 DIFDEV 图,显示它的 DIFDEV 值大于 8,DBETA 值大于 1。图 4.3 第一栏的图看到其他个案似乎都相当集中。不过,当删除个案 178 后,图改变了,又出现其他离群个案。

图 4.3 第二栏是删除个案 178 后的图,比第一栏更分散,因为量表不同(DIFCHI 从 0—100 变为 0—20,DIFDEV 从 0—10 变为 0—6.25,DBETA 从 0—1.25 变成 0.5)。把 PMRJ5 =1 和 PMRJ5 =0 的两条曲线结合起来,形成一个酒杯状形的图案(特别是 DIFDEV),所有的离群者都在右上角和左上角。相对于第一栏,图的上部分与其余部分有相对平稳的过渡。最离群的个案也不是像第一栏的个案 178 那样明显地分开。这反映在表4.3B 中,没有一个学生化残差的绝对值大于 2.5,或 DBETA 大于 1。

第5节 | 过度分散和过度集中[21]

假设 logistic 回归的误差是二元误差，方差 $\sigma_Y^2 = P_{Y=1}(1 - P_{Y=1})$，当数据是个体层次，即每个共变形式只有一个个案，那就符合这个假设。但对于组群数据，个案集合在一起，共变形式便被视为“个案”，这可能违反该假设。原因有可能遗漏了一个重要的预测变量——样本分层或潜在整体与假定分布不同。过度分散指个案的 σ_Y^2 高于预期，过度集中指个案的 σ_Y^2 低于预期。对于组群数据，我们计算 $\delta = D/df$，其中 D 是共变形式的偏离统计（例如 SPSS NOMREG 的拟合表会有显示），df 是与偏离统计关联的自由度（也在同一个表上），$\delta > 1$ 显示过度分散，$\delta < 1$ 表示过度集中。过度分散和过度集中都会得出不正确的标准误差而导致不正确的统计推断。调整标准误差的方法是乘以 δ 的平方根：调整标准差＝标准误$\times\sqrt{\delta}$。SPSS NOMREG 的方法是利用皮尔逊或偏离 χ^2，或用户指定的 δ 值（SPSS NOMREG 的 N）。注意，图 3.2 的偏离 $\chi^2 = 158.266$，$df = 151$，$\delta = 158.266/151 = 1.05$，表示很少或根本没有过度分散或过度集中。

第 6 节 | logistic 回归诊断的规程

现有的回归软件能快速而简易地检验 logistic 回归分析中的共线性,因此能在分析前检测出潜在的问题。博克斯-蒂德韦尔检验是一个快速而简单的非线性检验方法,而且它对稍微的偏离性不会过于敏感,应该纳入 logistic 回归的标准程序。是否去检测非相加性,这要看有没有理论或其他理由认为模型存在交互项。模型的非线性和非相加性的处理都要略为谨慎,因为真正的危险是过度的模型拟合,可能只捕捉了随机变化,而不是系统化的行为规律。

利用 logistic 回归诊断,就像线性回归诊断,是一门艺术而非科学。诊断统计显示出潜在的问题,需要进一步研究那些问题是什么,是否需要采取补救行动,需要仔细观测不寻常个案后才决定。在 200 至 250 个个案样本中,单纯随机抽样的变异就能产生 10 到 12 个个案的正态分布变量,如偏离残差或学生化残差的标准值大于 2 或小于−2。即使个案有非常大的残差,如表 4.3 的个案 178,也不一定指模型有问题,这种模型不可能太明确,因为人的自由意志和个人选择肯定会影响人类行为的完美预测。

一般而言,我们应当对模型进行一些诊断,以检验错误编号的数据和模型概念的弱点。诊断分析至少包括学生化残差、杠杆和 dbeta。学生化残差小于－3 和大于 3 都要仔细检查；小于－2 或大于 2 可能要留意。皮尔逊残差的缺点是，它提供的信息往往与学生化残差和偏离残差（不是皮尔逊残差）重复，这些偏离残差是模型参数估计的准则，因此，它们应是更合适的残差分析。但皮尔逊残差的优点在于它的数值比偏离或学生化残差大，尤其是离群者，因此，能轻易地找出离群者（像表 4.3A 部分的个案 178）。杠杆值与 $(k+1)/N$ 是预期值的几倍（在这个例子中约 5/227＝0.02），要密切注意。dbeta 的数值大，特别是当数值大于 1 时（记住，这是一个标准化的测量），也要仔细研究。是否以图像视觉显示，这是个人喜好。最重要的是，诊断出来的极端值需要再仔细检测，并重新考虑模型。

第5章

多分类 logistic 回归及其替代方法

logistic 回归分析可由二分变量延伸到多分类(有两个或两个以上的类别)的名义或定序因变量。在 logistic 回归的文献中,这种模型称为多分类或多项 logistic 回归模型。这里,二分和多分类指 logistic 回归模型,二项和多项指的是对数模型。由于对数模型可衍生出多分类的 logistic 回归模型,因此多分类因变量的 logistic 回归模型可算是多项对数模型的一个特殊例子(Agresti, 1990; Aldrich & Nelson, 1984, DeMaris, 1992; Knoke & Burke, 1980)。

从数学角度来说,二分 logistic 回归模型延伸至多分类因变量是很简单的。因变量的其中一个值(通常是第一个或最后一个)被指定为参考类,$Y=h_0$,然后比较落在另一组或参考类别的概率。对于名义变量,这可能是直接的比较,类似 logistic 回归模型中的二分自变量的对比指标。但对定序变量,对比连续类别,方法如同二分 logistic 回归模型自变量的重复或赫尔默特对比。

因变量具有 M 个类别,这需要计算 $M-1$ 个方程,每个类别相对于参考类别,以描述因变量和自变量之间的关系。除了参考类,因变量的每个类别,我们可以写成:

$$g_h(X_1, X_2, \cdots, X_k)=e^{(a_h+b_{h1}X_1+b_{h2}X_2+\cdots+b_{hk}X_k)}$$

$$h=1, 2, \cdots, M-1 \qquad [5.1]$$

其中下标 k 是指特定的 X 自变量，下标 h 指 Y 因变量的特定值，参考类别 $g_0(X_1, X_2, \cdots, X_k)=1$。$Y$ 等于 h 的任何值，除 h_0 外的概率等于：

$$P(Y=h \mid X_1, X_2, \cdots, X_k)=\frac{e^{(a_h+b_{h1}X_1+b_{h2}X_2+\cdots+b_{hk}X_k)}}{1+\sum_{h=1}^{M-1} e^{(a_h+b_{h1}X_1+b_{h2}X_2+\cdots+b_{hk}X_k)}}$$

$$h=1, 2, \cdots, M-1 \qquad [5.2]$$

不包括类别 $h_0=M$ 或 0，

$$P(Y=h_0 \mid X_1, X_2, \cdots, X_k)=\frac{1}{1+\sum_{h=1}^{M-1} e^{(a_h+b_{h1}X_1+b_{h2}X_2+\cdots+b_{hk}X_k)}}$$

$$h=1, 2, \cdots, M-1 \qquad [5.3]$$

请注意，当 $M=2$，就是二分因变量的 logistic 回归模型，参考类别是第一类，$h_0=0$，总共 $M-1=1$ 个方程来描述变量间的关系。多分类名义因变量的 logistic 回归模型可用 SAS CATMOD 或 SPSS 10(之前版本用 LOGLINEAR)来计算，这两个软件使用对数线性分析程序去计算多分类logistic 回归模型，过程相当烦琐。SPSS 10 的 NOMREG 提供更简易的名义因变量 logistic 回归模型方法。SAS LOGISTIC 和 SPSS PLUM 同样具有简易的多项定序因变量分析。虽然这本书的重点是 SAS 和 SPSS，值得一提的还有 STATA (1999)，它具有范围广泛的 logistic 回归程序，包括用在名义因变量的 MLOGIT 和定序因变量的 OLOGIT。

为了说明多分类 logistic 回归，我们把前面例子的因变量大麻使用率，改成具有四个类别的药物使用者。

1. 不使用者:报告他们在过去一年没有喝酒,或吸食大麻、海洛因、可卡因、安非他明、巴比妥或迷幻丸。

2. 饮酒者:报告他们在过去一年喝过酒,但不吸食任何违禁药物。

3. 吸食大麻者:报告他们吸食大麻(同时也喝酒的个案除外)。

4. 吸食多种违禁药物的人:报告他们使用一种或多种的"硬性"毒品(海洛因、可卡因、安非他明、巴比妥、迷幻丸)。这类人还同时喝酒和吸食大麻,报告只使用一次或一种硬性毒品的除外。

根据法律后果的程度,从最不严重到最严重的毒品,这些变量可被合理地当作定序变量。或者,如果没有法律后果的话,可视为名义变量,不过这样会有点争议性,因此,分类或定序模型都可考虑。但之前的模型需要做一个额外的修改,因为因变量有四个类别,种族的"其他"类别的个案太少,所以要重新编码分成白人和非白人,否则会出现格数值为 0 的问题和不稳定的系数估计及标准误差。

第1节 | 多分类名义因变量

图5.1是 SPSS NOMREG[22]的输出，DRGTYPE是因变量，用 DRGTYPE 的对比去比较(1)不喝酒的人；(2)不吸食大麻的人；(3)不吸食多种药品的人，得出 $g_1(X)$、$g_2(X)$ 和 $g_3(X)$ 的三个函数，定义为：

g_1 = logit (喝一点酒对不吸食药物的概率)；

g_2 = logit (吸食大麻对不吸食药物的概率)；

g_3 = logit (使用违禁药物对不吸食药物的概率)。

在图5.1中，g_1，g_2，g_3 的方程都使用非标准系数，

g_1 = 0.165(EDF5) − 0.271(BELIEF4) + 0.505(SEX) + 1.616(WHITE) + 5.085；

g_2 = 0.506(EDF5) − 0.285(BELIEF4) − 0.920(SEX) + 0.357(WHITE) + 2.503；

g_3 = 0.663(EDF5) − 0.360(BELIEF4) − 2.224(SEX) + 2.209(WHITE) + 0.768。

g_1，g_2 和 g_3 每个 logistic 函数的 R^2，η^2 和标准 logistic 回归系数都要分开计算(类似判别分析的线性判别函数的典型相关和标准判别函数系数，见 Klecka，1980)。全模型 R^2 的计算是基于预测概率和四个类别的观测分类。预测表已包括在 SPSS NOMREG 或 SAS CATMOD 中，它们应用

SPSS NOMREG DRGTYPE5 与性别种族和 EDF5 BLIEF4/模型=EDF5 BELIEF4 性别种族/打印=拟合 IRT 参数概要分类表/量度=偏离

注意:437(70.9%)的格数值是 0。

		N
DRGTYP5	1.000 alcohol	87
	2.000 marijuana	50
	3.000 drugs	31
	4.000 nonuser	59
SEX	1 male	110
	2 female	117
ETHN	1 white	175
	2 nonwhite	52
Valid		227
Missing		30
Total		257

Model	-2 Log Likelihood	Chi-Square	df	Sig.
Intercept Only	549.126			
Final	379.778	169.348	12	0.000

Likelihood Ratio Tests

Effect	-2 Log Likelihood of Reduced Model	Chi-Square	df	Sig.
Intercept	379.778	0.000	0	.
EDF5	444.950	65.172	3	0.000
BELIEF4	396.795	17.017	3	0.001
SEX	404.765	24.987	3	0.000
ETHN	399.995	20.217	3	0.000

The chi-square statistic is the difference in -2 log-likelihoods between the final model and a reduced model. The reduced model is formed by omitting an effect from the final model. The null hypothesis is that all parameters of that effect are 0.

Goodness-of-Fit

	Chi-Square	df	Sig.
Pearson	479.072	447	0.142
Deviance	341.094	447	1.000

Pseudo R-Square

Cox and Snell	0.526
Nagelkerke	0.566
McFadden	0.282

R^2 = 0.303
R_1^2 = 0.189
R_2^2 = 0.149
R_3^3 = 0.337
λ_p = 0.300 p =0.000
τ_p = 0.399 p =0.000

Classification

	Predicted				
Observed	1.000 alcohol	2.000 marijuana	3.000 drugs	4.000 nonuser	Percent Correct
1.000 alcohol	61	7	2	17	70.1%
2.000 marijuana	21	16	8	5	32.0%
3.000 drugs	6	7	18	0	58.1%
4.000 nonuser	20	5	0	34	57.6%
Overall Percentage	47.6%	15.4%	12.3%	24.7%	56.8%

图 5.1 多分类名义 logistic 回归

方程 5.2 和方程 5.3 计算 Y 每个值的分类概率,包括参考类别,然后把个案分到最高概率的类别内,SAS PROC FREQ 会有这个分类表格。

一旦做好了分类表格,预测指数如图 5.1 的分类表那样,根据第 2 章的方法计算出来。多项名义因变量模型的 λ_p 与

Parameter Estimates

		B	Std. Error	Wald	df	Sig.	Exp(B)	95% Confidence Interval for Exp(B)		Standardized Logistic Regression Coefficients
DRGTYP5								Lower Bound	Upper Bound	Note: These have been edited into the output.
1.000 alcohol	Intercept	5.085	2.463	4.264	1	0.039				
	EDF5	0.165	0.091	3.303	1	0.069	1.179	0.987	1.409	0.209
	BELIEF4	-0.271	0.070	14.906	1	0.000	0.763	0.665	0.875	-0.319
	[SEX=1]	0.505	0.338	2.226	1	0.136	1.656	0.854	3.214	0.075
	[SEX=2]	0(a)	.	.	0	.	.	.	.	
	[ETHN=1]	1.616	0.400	16.277	1	0.000	5.032	2.295	11.031	0.202
	[ETHN=2]	0(a)	.	.	0	.	.	.	.	
2.000 marijuana	Intercept	2.503	2.674	0.876	1	0.349				
	EDF5	0.506	0.096	27.544	1	0.000	1.659	1.373	2.004	0.671
	BELIEF4	-0.285	0.078	13.319	1	0.000	0.752	0.645	0.876	-0.350
	[SEX=1]	-0.920	0.439	4.401	1	0.036	0.398	0.169	0.941	-0.143
	[SEX=2]	0(a)	.	.	0	.	.	.	.	
	[ETHN=1]	0.357	0.462	0.596	1	0.440	1.428	0.578	3.531	0.047
	[ETHN=2]	0(a)	.	.	0	.	.	.	.	
3.000 drugs	Intercept	0.768	3.049	0.064	1	0.801				
	EDF5	0.633	0.106	35.976	1	0.000	1.883	1.531	2.316	0.677
	BELIEF4	-0.360	0.086	17.515	1	0.000	0.698	0.590	0.826	-0.357
	[SEX=1]	-2.224	0.619	12.893	1	0.000	0.108	3.211E-02	0.364	-0.279
	[SEX=2]	0(a)	.	.	0	.	.	.	.	
	[ETHN=1]	2.209	0.841	6.901	1	0.009	9.104	1.752	47.3 2	0.233
	[ETHN=2]	0(a)	.	.	0	.	.	.	.	

a This parameter is set to zero because it is redundant.

图 5.1　多分类名义 logistic 回归(续)

τ_p 的差别与其他提及过的预测效率不同,更有理有据。

图 5.1 的模型相当不错,模型 χ^2 有显著性,McFadden R_L^2 等于 0.28。logit(Y)的解释方差应因变量的类别而变化,最高是 g_3(使用多种药物的人),最低是 g_2(吸食大麻)。总体模型,如似然比检验表显示,所有四个预测变量都是显著的。正如图 5.1 顶部的 SPSS NOMREG 所示,偏离 χ^2 已修

正了分散的问题,这是因为偏离 χ^2 似乎有点低于自由度($\chi^2=341$, $df=447$, $\chi^2/df=0.76$),表示过度集中。调整分散会影响沃德系数的显著性。喝酒的人标准化系数(不在SPSS的输出里,但可像 λ_p, τ_p 和 R^2 那样加到SPSS的输出中)表明,最好的预测者是违法观念——认为违法是错误的,其次是种族(白人受访者比非白人更容易喝酒)。接触违法朋友的沃德统计是临界($p=0.069$),性别没有显著性。对吸食大麻和多种药物的预测,最好的预测者是接触违法朋友,其次是观念和性别。种族对吸食大麻不具显著性,但白人受访者比非白人更有可能食用多种药物。根据图 5.1 的分类表,预测效率的指数 $\lambda_p=0.300$ 和 $\tau_p=0.399$ 均有显著性,而且强度也不弱。

第2节｜多分类或多项式定序因变量

当因变量是定序量表，就会有很多可能的分析方法，绝不仅限于 logistic 回归分析。更详细的讨论，见阿格莱斯蒂(Agresti，1990:318—332)；朗(Long，1997:114—147)；克洛格和希哈德(Clogg & Shihadeh，1994)。简单来说，可行方法包括：

1. 忽略因变量分类的顺序而把它当作名义变量；

2. 权当变量是真正的定序变量；

3. 认为变量的衡量是定序量度，但只代表定距或比率的粗略量度；

4. 将变量视为定距变量。

第一个方法的例子是多项对数或 logistic 回归模型，因变量是名义变量，如图 5.1，也可以用判别分析(Klecka，1980)。第二个方法的例子是使用累积对数模型，因变量每类的转换不仅与参考类别相比，还与所有更高(或更低)类别做比较。第三个方法假设是潜在的定距量表，那就可用 LISREL 的加权最小二乘法(weighted least squares，WLS)分析得出多项相关(Jöreskog & Sörbom，1988)。[23]第四个方法可采用定序因变量的最小二乘回归。

选择哪个方法需要小心判断。第四个方法能有效地假定数据的测量比实际上更精确,对有大量分类的定序变量可能是合理的。应用 WLS 估计多项相关似乎是一个比较好的选择,因为它适用于不同分类的定序变量。假设测定量表是连续的(政治保守主义、药物的严重程度)本质上是可行的。第四和第三个方法都允许预测值落在观测值的范围之外,在不精确测量的假设下,这可能是合理的。

本书不建议使用现成软件程序,例如 SAS PROC LOGISTIC 和 SPSS PLUM(可计算定序因变量的分类 logistic 回归模型),但它们都是使用因变量的累积对数模型。这种模型假设三个方程中每个自变量的系数都不变,即 $b_{\mathrm{EDF5},1}=b_{\mathrm{EDF5},2}=b_{\mathrm{EDF5},3}$;$b_{\mathrm{SEX},1}=b_{\mathrm{SEX},2}=b_{\mathrm{SEX},3}$ 等(平行斜率),其中,下标指的是该系数的自变量,数字是系数出现的方程(1, 2 或 3)。平行斜率模型的方程,只有拦截不同,不同组别的自变量的效应都被假定是固定的。虽然 SAS PROC LOGISTIC 或 SPSS PLUM 都很容易算出模型,但这未必是最合适的模型。

图 5.2 显示了药物使用者类型 DRGTYPE 的分析结果,这些变量在 SAS PROC LOGISTIC 是定序变量。SAS 假设斜率相等。图 5.2 原假设的分数检验显示斜率等于 32.066,自由度为 8,在 0.0001 水平有显著性。由于分数检验有显著性,平行斜率的假设被拒绝,这表示模型不假定平行斜率会较为恰当。图 5.1 显示了拒绝相等斜率模型的原因就是各自变量的效应强度和显著性都不同:EDF5(只喝酒的人与不使用者比较没有显著性),性别(不使用者与只喝酒比较没有显著性;但严重滥用药物的人比大麻使用者强),ETHN(吸食大麻与不使用者比较没有显著性)。图 5.1 的模型的各系数差异(特别种族系数向下向上的格局)表示,把 DRGTYPE 当

```
data;
  infile 'saslr16a.dat' missover linesize=60 firstobs=1 obs=257;
  input ID F66 SEX 8 ETHN 10 USR5 12 PDRUGS5 14-15 PMRJ5 17-18 PALC5 20-21
        DRGTYP5 23-24 EDP5 26-33 BELIEF4 35-42 MEANSCIN 44-51 MEANFAIN 53-60;
  if ethn=1 then white=1; if ethn=2 then white=0; if ethn=3 then white=0;
  if drgtyp5=1 then drgtyp5r=4; if drgtyp5=2 then drgtyp5r=3;
  if drgtyp5=3 then drgtyp5r=2; if drgtyp5=4 then drgtyp5r=1;const5=1;
run;
proc logistic;
  model drgtyp5r=edp5 belief4 sex white;run;
```

Data Set: WORK.DATA1
Response Variable: DRGTYP5R
Response Levels: 4
Number of Observations: 227
Link Function: Logit

Response Profile

Ordered Value	DRGTYP5R	Count
1	1	31
2	2	50
3	3	87
4	4	59

WARNING: 30 observation(s) were deleted due to missing values for the response or explanatory variables.

Score Test for the Proportional Odds Assumption
Chi-Square = 32.0660 with 8 DF (p=0.0001)

Model Fitting Information and Testing Global Null Hypothesis BETA=0

Criterion	Intercept Only	Intercept and Covariates	Chi-Square for Covariates	
				R^2_1 = 0.004
				R^2_2 = 0.089
AIC	606.600	485.626	.	R^2_3 = 0.151
SC	616.875	509.600	.	
-2 LOG L	600.600	471.626	128.975 with 4 DF (p=0.0001)	R^2_0 = 0.264
Score	.	.	97.395 with 4 DF (p=0.0001)	R_L^2 = 0.215

RSquare = 0.433　　　　Adjusted RSquare = 0.467

Analysis of Maximum Likelihood Estimates

Variable	DF	Parameter Estimate	Standard Error	Wald Chi-Square	Pr > Chi-Square	Standardized Estimate b_{sas}	Odds Ratio	Standardized coefficient $b^*=(b)(s_X)/s_Y$
INTERCP1	1	-1.3616	1.4611	0.8684	0.3514	.	.	.
INTERCP2	1	0.6157	1.4513	0.1800	0.6714	.	.	.
INTERCP3	1	2.9884	1.4655	4.1583	0.0414	.	.	.
EDP5	1	0.2701	0.0424	40.5402	0.0001	0.633781	1.310	0.343
BELIEF4	1	-0.1774	0.0426	17.3225	0.0001	-0.386429	0.837	- 0.2 9
SEX	1	-0.7905	0.2630	9.0312	0.0027	-0.218288	0.454	- 0.118
WHITE	1	0.8343	0.3167	6.9391	0.0084	0.193729	2.303	0.105

Association of Predicted Probabilities and Observed Responses

Concordant	= 80.5%	Somers' D	= 0.623
Discordant	= 18.2%	Gamma	= 0.631
Tied	= 1.3%	Tau-a	= 0.449
(18509 pairs)		c	= 0.811

图 5.2　定序 logistic 回归的 SAS 输出结果

作名义变量可能是最好的选择。

SPSS PLUM 与 SAS LOGISTIC 提供的信息大致相同，但 SPSS PLUM 不包括图 5.2 底部的信息（预测概率与观测回应的关系），也不包括 SPSS NOMREG 中的皮尔逊和偏离拟合 χ^2 统计以及 McFadden R^2_L，后者（包括整体模型和每个

各自函数的 R^2)已被编辑过才出现在图 5.2 的 SAS 输出中。无论是正态分布、正或负偏斜还是有许多极端值的因变量，SPSS PLUM 都有不同的方法去处理它的对数分布。运用 SPSS PLUM 和 SAS LOGISTIC,首先要储存预测值,然后利用预测值和观测值列出列联表(SAS PROC FREQ 或 SPSS CROSSTABS)去分析分类的准确度。图 5.2 的例子做同样的分析,结果得出 $\lambda_p = 0.229(p = 0.000)$，$\tau_p = 0.208(p = 0.000)$，两者都比图 5.1 少,再次说明最好把因变量当作名义变量,而不是定序变量。但总的来说,定序变量如图 5.2 底部的统计如 gamma 和 tau-a 所提供的信息会比 λ_p 和 τ_p 多,因为前两者不像后者会把因变量类别的排列信息纳入分析中。

第3节 结论

多项因变量 logistic 回归分析的重点是模型整体上是否合适。未涉及的定序因变量 logistic 回归模型的问题包括：因变量的预测值超出应有的范围和异方差，这都会促使模型的发展。其他模型可能比 logistic 回归更适合，但取决于因变量的潜在量表的假设和因变量与自变量的函数形式（线性、单向、非单向）。如果是定距的量度，关系是线性或单向，多元加权最小二乘可能是最好的选择。非单调的关系，尤其是类别比较少的因变量，最适当的方法可能是把因变量当作名义变量。当因变量是名义，或者可视为名义变量的定序变量（少类别），判别分析是一个值得考虑的方法（Klecka, 1980）。另外，排除 logistic 回归（Bess & Grey, 1984; Hosmer & Lemeshow, 1989:230—232），因为它得出的结果似乎与多项对数/多分类 logistic 回归模型不充分一致，所以不建议采用。除非没有多分类 logistic 回归分析软件（这种情况越来越少，主要统计软件都已包括多分类 logistic 回归分析），这种方法才有优势。

由于易用、灵活和普及程度高，目前 logistic 回归分析很容易被滥用。滥用 logistic 回归不会比滥用线性回归或任何一样技术更有好处。重要的是明白这个方法的弱点和优点，

logistic 回归特别适合分析二分和无序名义多分类的因变量。多分类定序因变量可能使用多分类 logistic 回归分析。但其他模型包括线性回归和多项相关加权最小二乘就要认真考虑。多分类定序变量的因变量从技术性层面来说,使用 logistic 回归是最差的方法,其他分析方法可能比 logistic 回归好。但是鉴于使用方便、灵活和普及程度高(特别是 logistic 回归软件不断地改良),尤其当 OLS 不适用时,logistic 回归可用于分析不同类型的因变量。

附　录

附录 | 概率

估计事件发生的概率是利用它在整体或样本中的相对频率。例如,如果 $n_{Y=1}$ 是样本 $Y=1$ 的个案数量,N 是整个样本的总数,那么:

1. Y 等于 1 的概率写为 $P(Y=1)$;

2. $P(Y=1)=n_{Y=1}/N$;

3. Y 不等于 1 的概率是 $P(Y\neq 1)=1-P(Y=1)=1-(n_{Y=1}/N)=(N-n_{Y=1})/N$;

4. 概率的最低可能为 0($n_{Y=1}=0$ 暗示 $n_{Y=1}/N=0$);

5. 概率的最高可能为 1($n_{Y=1}=N$ 暗示 $n_{Y=1}/N=1$)。

两个独立事件的联合概率(事件发生是互不相关)就是这两个概率的乘数。例如,X 和 Y 都等于 1 的概率,如果 X 和 Y 是不相关的,$P(Y=1 \text{ 和 } X=1)=P(Y=1)\times P(X=1)$。如果 X 和 Y 是相关的(例如,Y 等于 1 的概率是取决于 X 值),则 $P(Y=1 \text{ 和 } X=1)$ 将不等于 $P(Y=1)\times P(X=1)$。相反,我们要考虑当 $X=1$ 时 $Y=1$ 的条件概率,或 $P(Y=1 \mid X=1)$。

$Y=1$ 的条件概率是当某些变量有特定值时,$Y=1$ 的概率[有时指 $P(Y=1)$,无论其他变量为何值,就如 $Y=1$ 的无条件概率]。例如图 2.1,使用大麻普及率等于 1 的概率是 $P(PMRJ5=1)=0.35$(男性和女性总和;详细的数据不显示)。使用大麻普及率等于1的条件概率是女性为 $P(PMRJ5 = 1 \mid SEX = 0) = 0.45$,男性为 $P(PMRJ5 = 1 \mid SEX = 1) = 0.25$。对于一个二分变量,编码为0或1,该变量的概率等于1等于变量的平均值,变量等于1的条件概率等于该变量的条件平均值。

注释

[1] 虽然被建模的关系往往代表着因果关系,单一变量的预测受到一个或多个预测变量的影响,但并非总是如此。我们可以很容易地从结果预测出原因(例如,从收入预测那人到底是男性还是女性),或从原因预测出结果(从男或女预测到他/她的收入)。这本书的重点在于预测,而不是因果关系,虽然表述上有时用因果关系、自变量、因变量、后果或预测变量,但不一定意味着因果关系。所有关系绝对是预测性的,可能本身有因果关系。

[2] 数据来自全国青年调查,样本是 1976 年全国家庭概率抽样的 11 岁至 17 岁青少年和 1992 年的 27 岁至 33 岁青年。数据是从 1976 年至 1980 年每年收集一次,然后 1983 年至 1992 年每隔 3 年收集一次。数据包括自报的违法行为、家庭关系、学校表现以及社会人口特征。详细的抽样和量表请参见埃利奥特等(Elliott et al., 1985, 1989)。现在只用 1980 年 16 岁青少年的数据。散点图的数字和符号指个案数目:1 表示一个个案,2 表示两个,9 表示 9 个;字母 A 到 Z, A 代表 10 个个案,B 代表 11 个……Z 代表 35 个。当超过 35 时,用星号(*)代表。

[3] 详尽的量表水平,请参考阿格莱斯蒂和芬利(Agresti & Finlay, 1997: 12—17)。

[4] Y 无条件平均值就是 $\overline{Y} = \sum Y_j / N$, Y 的条件平均值是只计算 X 在特定值的个案的平均值, $\overline{Y}_{X=i} = \sum Y_{ij} / n_i$, 其中 i 是 X 的取值, Y_{ij} 是当 $X = i$ 时,个案 $j = 1, 2, \cdots, n_i$ 时的 Y 的数值, n_i 是当 $X = i$ 时的个案数。

[5] 附录部分有简短的概率讨论,包括条件概率。

[6] 贝里和费尔德曼(Berry & Feldman, 1985: 63—64)以及刘易斯-贝克(Lewis-Beck, 1980: 44)讨论到对数变换解决变量非线性关系的其中一个可能性,用参数来表述线性关系。

[7] 统计软件 Stata 的 R_L^2 就是伪 R^2 (Stata, 1999)。旧版的 SAS PROC LOGISTIC [SAS (SUGI) PROC LOGIST (Harrell, 1986)]根据模型参数的数量调整了 R_L^2,这种类似线性回归的调整后的 R^2,写成 R_{LA}^2,表示它与 R_L^2 有联系并区别于其他 R^2 量表。$R_{LA}^2 = (G_M - 2k)/D_0$,其中,$k$ 是模型中自变量的数量。如果 $G_M < 2k$,尤其当 $G_M = 0$ 时,用 R_{LA}^2 可能出现负数的已解释方差估计。

[8] 应当注意,在其他情况下,它可能是不恰当的。例如,在比例风险模型

中,R_L^2 对审查比 R_N^2 敏感(Schemper, 1990, 1992)。

[9] 选用 ϕ_p,如 ϕ,它基于每格的观测和预期值的比较(而不是列或栏如 λ_p 和 τ_p),如果表格的边缘值一致(列和栏的总和,大的列总和对应大的栏总和),ϕ_p 接近 ϕ 的数值,那么 ϕ_p 与 ϕ 符号就一样(因为它们分子相同)。

[10] 调整 ϕ_p,可以把误差的最小值 $|(a+b)-(a+c)|=|b-c|$,加上没有模型的误差预期值。系数会成:(1)仍可解释错误的比例改变(因为调整了预期误差的计算);(2)如果该模型是不准确的话,仍会出现负数。极度差劣的模型,已修订的指数的最大值小于1,即使分类准确度极高,但 ϕ_p 的增量却非常小。基于与 ϕ 相似,我们把它写成 ϕ'_p。注意,不能算成 $\phi_p/\max \phi_p$;这样做会破坏量表的错误比例改变的解释,而当 ϕ_p 的最大值是0,量表会变成无定义0。

[11] 对于两尾检验,原假设有无预测模型的误差没有任何区别。另一种假说是有预测模型的误差比例不等于没有预测模型的误差。一尾检验指模型会提高预测因变量的精确度,原假设是预测模型的误差比例不小于没有模型的误差比例。另一种假说是预测模型的误差比例少于没有模型的误差比例。预测模型是否能提高个案的分类能力,一尾检验较为适当,负 λ_p 将导致负 d 值和不拒绝原假设。

[12] 科帕斯和洛伯(Copas & Loeber, 1990)指出,在这种情况下,1数值会被误解成完美的预测。两个问题:第一,在这种情形下,我们应如何解释RIOC的数值?第二,什么RIOC数值才算是完美预测?如果有任何不理想的量表变化和更好替代品,就不要用RIOC。

[13] 二分因变量logistic回归的 R^2 并不经常比线性回归的 R^2 高。在有关小偷的全国青年调查研究中,线性回归 R^2 和logistic回归 R^2 分别是0.255和0.253。

[14] 这有时被称为Ⅱ类错误或假阴性(未能检测到存在的关系),相对于Ⅰ类错误或假阳性(总结有关系,但实际没有)。

[15] 后面逐步的程序在文中已讨论。SPSS NOMREG和PLUM没有逐步的程序,但它的输出可包括似然统计。

[16] 如果有的话,他们可表明非西班牙欧裔美国人使用大麻率最低,其次是非裔美国人,其他人使用大麻最高。这令人怀疑,但是,声明这一关系没有统计显著性,可能只是随机样本的误差。

[17] 从数学的角度看,省略掉的类别是多余的或不是研究的兴趣。但理论检验和应用研究都认为提供系数的全部资料及其统计意义是比较合理的,而不是纸笔的计算。

[18] 霍斯默和莱默苏(Hosmer & Lemeshow, 1989)区分了基于个案的残差分析和共变形式(样本自变量的数值组合)的残差分析。当共变形式数

目等于个案数目,或非常接近时,每个个案的残差必须分开分析。这是 SAS PROC LOGISTIC 和 SPSS LOGISTIC REGRESSION 所隐含的方法,但 SPSS NOMREG 用共变形式的集合数据计算正确的预测、残差和拟合适度(Norusis, 1999)。当个案数量远远超过共变模式,或共变量模式具有多于 5 个个案的话,霍斯默和莱默苏建议通过共变模式集合数据,避免低估杠杆统计 h_j。

[19] 标准正态分布(平均值为 0 和标准偏差为 1)95%的个案的标准分数(或标准残差)应在−2 与 2 之间,99%在−3 与 3 之间。标准或偏离残差大于 2 或 3 不一定表示模型有问题,但如果约 5%的样品超出−2 至2 的范围,1%在−2.5 至 2.5 内。数值远超出这一范围,通常表示某些个案与模型拟合不好,因此,需要进一步分析或修改模型。

[20] 如福克斯(Fox, 1991)指出的,在线性回归中,影响力=杠杆×差异,其中"差异"是指 Y 对预测值的离群值。logistic 回归相对于线性回归,拟合概率越亲近 0(小于 1)或 1(大于 0.9),它的杠杆停止增加并迅速转向 0(Hosmer & Lemeshow, 1989:153—154)。

[21] 请更清楚地了解过度分散和过度集中的讨论,可参见麦卡拉和内尔德(McCullagh & Nelder, 1989:124—128)。

[22] SAS CATMOD 不会直接计出 D_0 和 G_M。这两者的似然率 χ^2 V 统计是根据列联表中各格的比较,而不是分类概率。但这两者是相关的,它可以从 SAS PROC CATMOD 的统计推出适当的 logistic 回归统计,步骤如下:

(1) 计算 $D_0 = \sum(n_{Y=h})\ln[P(Y=h)] = \sum(n_{Y=h})\ln(n_{Y=h}/N)$, $n_{Y=h}$ 是 $Y=1$ 的个案数目,N 是总样本数量,以及所有 $Y=h$ 的可能值的总和。

(2) 检查模型的迭代历史。在最后迭代中最大似然分析表的"−2 对数似然"接近(但不完全)等于 D_M。

(3) 计算 $G_M = D_0 - D_M$;计算 $R_L^2 = G_M/D_0$。

如果二分因变量分析沿用这些程序,那么结果的数据大约等于 SAS PROC LOGISTIC 的 G_M 和 R_L^2(SAS PROC LOGISTIC 用再加权最小二乘算法去计算模型参数;PROC CATMOD 使用加权最小二乘或最大似然,这根据模型而定)。虽然这样发生比有点怪,但是如果 CATMOD 的似然率没修改的话,当因变量是二分时,其结果就会与 SAS PROC LOGISTIC 不同。

[23] 要想有可信的估计,就需要一个大的样本(Hu, Bentler & Kano, 1992)。

参考文献

Agresti, A.(1990). *Categorical Data Analysis*. New York: Wiley.

Agresti, A., and Finlay, B.(1997). *Statistical Methods for the Social Sciences*(3rd ed.). Upper Saddle River, NJ: Prentice-Hall.

Aldrich, J.H., and Nelson, F.D.(1984). *Linearprobability, Logit, and Probit Models*. Sage University Paper Series on Quantitative Applications in the Social Sciences, 07—045. Beverly Hills, CA: Sage.

Allison, P.D.(1999). *Logistic Regression Using the SAS System*. Cary, NC: SAS Institute.

Begg, C.B., and Grey, R.(1984). "Calculation of Polychotomous Logistic Regression Parameters Using Individualized Regressions." *Biometrika*, *71*, 11—18.

Bendel, R.B., and Afifi, A.A.(1977). "Comparison of Stopping Rules in Forward Regression." *Journal of the American Statistical Association*, *72*, 46—53.

Berry, W. D. (1993). *Understanding Regression Assumptions*. Sage University Paper Series on Quantitative Applications in the Social Sciences, 07—092. Newbury Park, CA: Sage.

Berry, W.D., and Feldman, S.(1985). *Multiple Regression in Practice*. Sage University Paper Series on Quantitative Applications in the Social Sciences, 07—050. Beverly Hills, CA: Sage.

Bohrnstedt, G. W., and Knoke, D. (1994). *Statistics for Social Data Analysis*(3rd ed.). Itasca, IL: F.E.Peacock.

Bollen, K.A.(1989). *Structural Equation Models with Latent Variables*. New York: Wiley.

Bulmer, M.G.(1979). *Principles of Statistics*. New York: Dover.

Clogg, C.C., and Shihadeh, E.S.(1994). *Statistical Models for Ordinal Variables*. Thousand Oaks, CA: Sage.

Copas, J.B., and Loeber, R.(1990). "Relative Improvement over Chance (RIOC) for 2×2 Tables." *British Journal of Mathematical and Statistical Psychology*, *43*, 293—307.

Costner, H.L.(1965). "Criteria for Measures of Association." *American Sociological Review 30*, 341—353.

Cox, D.R., and Snell, E.J.(1989). *The Analysis of Binary Data*(2nd ed.)

London: i Chapman and Hall.

Cragg, J.G., and Uhler, R.(1970). "The Demand for Automobiles." *Canadian Journal of Economics 3*, 386—406.

DeMaris, A. (1992). *Logit Modeling*. Sage University Paper Series on Quantitative I Applications in the Social Sciences, 07—086. Newbury Park, CA: Sage.

Eliason, S. R. (1993). *Maximum Likelihood Estimation: Logic and Practice*. Sage University Paper Series on Quantitative Applications in the Social Sciences, 07—096. Newbury Park, CA: Sage.

Elliott, D.S, Huizinga, D., and Ageton, S.S.(1985). *Explaining Delinquency and Drug Use*. Beverly Hills, CA: Sage.

ELNLIeOwT YTo, rDk:. SSp.,r iHngUeIrZ-VINerGlaAg., D., and Menard, S. (1989). *Multiple Problem Youth*. II.

Farrington, D.P., and Loeber, R.(1989). "Relative Improvement over Chance (RIOC) and Phi as Measures of Predictive Efficiency and Strength of Association in 2 × 2 Tables." *Journal of Quantitative Criminology*, *5*, 201—213.

Fox, J.(1991). *Regression Diagnostics*. Sage University Paper Series on Quantitative Applications in the Social Sciences, 07—079. Newbury Park, CA: Sage.

Hagle, T M., and Mitchell, G.E., I1(1992). "Goodness-of-fit Measures for Probit and Logit." *American Journal of Political Science*, *36*, 762—784.

Hardy, M.(1993). *Regression with Dummy Variables*. Sage University Paper Series on Quantitative Applications in the Social Sciences, 07—093. Newbury Park, CA: Sage.

Harrell, F.E., Jr.(1986). The LOGIST Procedure. In SAS Institute, Inc. (Ed.), *SUGI Supplemental Library User's Guide*, (Version 5, pp.269—293). Cary, NC: SAS Institute.

Hosmer, D.W., and Lemeshow, S.(1989). *Applied Logistic Regression*. New York: Wiley.

Hu, L., Bentler, P.M., and Kano, Y.(1992). "Can Test Statistics in Covariance Structure Analysis Be Trusted?" *Psychological Bulletin*, *112*, 351—362.

Hutcheson, G., and Sofroniou, N.(1999). *The Multivariate Social Scientist: Introductory Statistics Using Generalized Linear Models*.

Thousand Oaks, CA: Sage.

Jöreskog, K.G., and Sörbom, D.(1988). *PRELIS: A Program for Multivariate Data Screening and Data Summarization* (2nd ed.). Chicago, IL: Scientific Software International.

Jöreskog, K.G., and Sörbom, D.(1993). *LZSREL 8: Structural Equation Modeling with the SIMPLIS Command Language*. Chicago: Scientific Software International.

Klecka, W.R.(1980). *Discriminant Analysis*. Sage University Paper Series on Quantitative Applications in the Social Sciences, 07—019. Beverly Hills, CA: Sage.

Knoke, D., and Burke, P.J.(1980). *Log-linear Models*. Sage University Paper Series on Quantitative Applications in the Social Sciences, 07—020. Beverly Hills, CA: Sage.

Landwehr, J.M., Pregibon, D., and Shoemaker, A.C.(1984). "Graphical Methods for Assessing Logistic Regression Models." *Journal of the American Statistical Association*, *79*, 61—71.

Lewis-Beck, M.S.(1980). *Applied Regression: An Introduction*. Sage University Paper Series on Quantitative Applications in the Social Sciences, 07—022. Beverly Hills, CA: Sage.

Loeber, R., and Dishion, T.(1983). "Early Predictors of Male Delinquency: A Review." *Psycholocal Bulletin*, *94*, 68—99.

Long, J.S.(1997). *Regression Models for Categorical and Limited Dependent Variables*. Thousand Oaks, CA: Sage.

Maddala, G.S.(1983). *Limited-dependent and Qualitative Variables in Econometrics*. Cambridge, UK: Cambridge University Press.

Magee, L.(1990). "R^2 Measures Based on Wold and Likelihood Ratio Joint Significance Tests." *The American Statistician*, *44*, 250—253.

McCullagh, P. and Nelder, J.A.(1989). *Generalized Linear Models* (2nd ed.). London: Chapman and Hall.

McFadden, D.(1974). "The Measurement of Urban Travel Demand." *Journal of Public Economics*, *3*, 303—328.

McKelvey, R. and Zavoina, W.(1975). "A Statistical Model for the Analysis of Ordinal Level Dependent Variables." *Journal of Mathematical Sociology*, *4*, 103—120.

Menard, S.(2000). "Coefficients of Determination for Multiple Logistic Regression Analysis." *The American Statistician*, *54*, 17—24.

Mieczkowski, T. (1990). "The Accuracy of Self-reported Drug Use: An Evaluation and Analysis of New Data," In R. Weisheit (Ed.), *Drugs, Crime, and the Criminal Justice System* (pp. 275—302). Cincinnati: Anderson.

Nagelkerke, N. J. D. (1991). "A Note on a General Definition of the Coefficient of Determination." *Biometrika*, *78*, 691—692.

Norusis, M.J. (1999). *SPSS Regression Models 10.0*. Chicago: SPSS, Inc.

Ohlin, L.E., and Duncan, O. D. (1949). "The Efficiency of Prediction in Criminology." *American Journal of Sociology*, *54*, 441—451.

SAS(1989). *SASISTAT User's Guide* (Version 6, 4th ed. Vols. 1 and 2). Cary, NC: SAS Institute.

SAS(1995). *Logistic Regression Examples Using the SAS System*. Cary, NC: SAS Institute.

Schaefer, R.L. (1986). "Alternative Estimators in Logistic Regression When the Data Are Collinear." *Journal of Statistical Computation and Simulation*, *25*, 75—91.

Schemper, M. (1990). "The Explained Variation in Proportional Hazards Regression." *Biometrika*, *77*, 216—218.

Schemper, M. (1992). "Further Results on the Explained Variation in Proportional Hazards Regression." *Biometrika*, *79*, 202—204.

Schroeder, L.D., Sjoquist, D.L., and Stephan, P.E. (1986). *Understanding Regression Analysis: An Introductory Guide*. Sage University Paper Series on Quantitative Applications in the Social Sciences, 07—057. Beverly Hills, CA: Sage.

Simonoff, J. S. (1998). "Logistic Regression, Categorical Predictors, and Goodness of Fit: It Depends on Who You Ask." *The American Statistician*, *52*, 10—14.

Soderstrom, I., and Leitner, D. (1997). The Effects of Base Rate, Selection Ratio, Sample Size, and Reliability of Predictors on Predictive Efficiency Indices Associated with Logistic Regression Models. Paper Presented at the Annual Meeting of the Mid-Western Educational Research Association, Chicago.

SPSS(1991). *SPSS Statistical Algolithms* (2nd ed.). Chicago: SPSS, Inc.

SPSS(1999a). *SPSS Advanced Models 10.0*. Chicago: SPSS, Inc.

SPSS(1999b). *SPSS Base 10.0 Applications Guide*. Chicago: SPSS, Inc.

STATA (1999). *Stata Reference Manual* (Release 6, Vol. 2). College

Station, TX: Stata Press.

Studenmund, A. H., and Cassidy, H. J. (1987). *Using Econometrics: A Practical Guide*. Boston: Little, Brown.

Veall, M.R., and Zimmerman, K.F. (1996). "Pseudo-R^2 Measures for Come Common Limited Dependent Variable Models." *Journal of Economic Surveys*, *10*, 241—260.

Wiggins, J.S. (1973). *Personality and Prediction: Principles of Personality Assessment*. Reading, MA: Addison-Wesley.

Wofford, S., Elliott, D.S., and Menard, S. (1994). "Continuities in Marital Violence." *Journal of Family Violence*, *9*, 195—225.

译名对照表

analysis of variance	方差分析
backward elimination	向后淘汰法
base rate	基准比率
bivariate regression	二元回归
canonical correlation	典型相关
casewise approach	个案为主
coefficient of determinant	决定系数
collinearity	共线性
conditional mean	条件平均数
conditional probabilities	条件概率
confidence interval	置信区间
contingency table approach	列联表法
continuous scale	连续量表
converge	收敛
covariate pattern	共变规则
covariates	协变量
criterion variable	基准变量
crosstabulation	交叉列表
degree of freedom	自由度
dependent variable	因变量
deviance	偏差
deviation coding	离差编码
deviation statistics	偏离统计
dichotomous predictors	二分预测变量
discrimination analysis	判别分析
dummy variable	虚拟变量
endogenous variable	内生变量
error sum of squares, SSE	误差平方和
exogenous variable	外生变量
explained variance	已解释方差
exponentiated coefficients	指数化系数

exponentiation	指数方式
false negative	假阴性
forward inclusion	向前包括法
full model	全模型
goodness of fit	拟合优度
grouped data	分组数据
heterogeneous	异质的
heteroscedasticity	异方差
homogeneous	同质的
homoscedasticity	同方差
hypothesis testing	假设检验
independent variable	自变量
indicator coding	指针编码
interaction	交互项
intercept	截距
interval scale	定距量表
iteration	迭代
iterative process	迭代过程
Juvenile Gangs	童党
leverage	杠杆
leverage statistics	杠杆统计
likelihood ratio test	似然比检验
linear probability model	线性概率模型
linear regression model	线性回归模型
logistic regression	logistic 回归
log-likelihood	对数似然
marginal distribution	边际分布
maximum likelihood	最大似然法
maximum likelihood estimation	最大似然估计
measurement	测量
measurement assumption	测量假设
missing data	缺失值

model chi-square	模型卡方
model fitting information table	模型拟合数据表
model if term removal table	删除变量后的模型表
model summary	模型概要表
Monte Carlo simulation	蒙特卡罗模拟
multiple regression	多元回归
multivariate F test	多元变量 F 检验
natural logarithm	自然对数
nominal regression	名义回归
nominal variable	名义变量
nonlinearity	非线性
normality	正态性
null hypothesis	原假设
odds ratio	优比
ominibus tests of model coefficients	模型系数综合检验表
ordinal varible	定序变量
ordinal logistic regression	定序 logistic 回归
ordinary least square，OLS	普通最小二乘法
orthogonal	直角正交
outcome variable	结果变量
outlier	离群值
output	输出
parameter estimates	参数估计
partial slope coefficient	偏斜系数
polynomial	多项
polytomous logit universal model	多分类 logit 通用模型
polytomous nominal variable	多分类名义变量
polytomous nominal logistic regression	多分类名义 logistic 回归
population parameters	总体参数
predicted probability	预测概率
predictive efficiency	预测效率
predictor variable	预测变量

profile contrast	形象对比
proportional change in error	误差改变比率
proportional reduction in error	误差比例降低
pseudo-R^2	伪 R^2
ratio	比率
ratio scale	定比量表
regression coefficient	回归系数
regression sum of squares, SSR	回归平方和
relative improvement over chance, RIOC	相对机会提高率
repeated contrast	反复对比
residuals	残差
reversed Helmert	反向赫尔默特
ridge regression	岭回归
risk ratios	风险比
SAS display manager	SAS 显示管理系统
saturated model	饱和模型
simple coding	简单编码
slope	斜率
specification	设定
specification error	设定误差
standard error of estimate	估计标准误差
stepwise	逐步法
studentized residual	学生化残差
subset	子集
sum of the squared errors of prediction	预测平方误差总和
suppressor effect	抑制效应
t ratio	t 比率
total sum of squares, SST	总平方和
unexplained variance	未解释方差
variables in the equation	方程内生变量
weighted least squares, WLS	加权最小二乘法

图书在版编目(CIP)数据

应用 logistic 回归分析 ：第二版 /（美）斯科特・梅纳德著 ；李俊秀译. — 上海 ：格致出版社 ：上海人民出版社，2023.10
（格致方法. 定量研究系列）
ISBN 978-7-5432-3504-5

Ⅰ. ①应… Ⅱ. ①斯… ②李… Ⅲ. ①线性回归-回归分析 Ⅳ. ①O212.1

中国国家版本馆 CIP 数据核字(2023)第 173490 号

责任编辑 王亚丽

格致方法・定量研究系列
应用 logistic 回归分析(第二版)
[美]斯科特・梅纳德 著
李俊秀 译

出　　版 格致出版社
上海人民出版社
(201101 上海市闵行区号景路 159 弄 C 座)
发　　行 上海人民出版社发行中心
印　　刷 浙江临安曙光印务有限公司
开　　本 920×1168 1/32
印　　张 5
字　　数 98,000
版　　次 2023 年 10 月第 1 版
印　　次 2023 年 10 月第 1 次印刷
ISBN 978-7-5432-3504-5/C・302
定　　价 45.00 元

Applied Logistic Regression Analysis, 2nd edition
by Scott Menard

上海市版权局著作权合同登记号:图字 09-2023-0792

格致方法·定量研究系列

1. 社会统计的数学基础
2. 理解回归假设
3. 虚拟变量回归
4. 多元回归中的交互作用
5. 回归诊断简介
6. 现代稳健回归方法
7. 固定效应回归模型
8. 用面板数据做因果分析
9. 多层次模型
10. 分位数回归模型
11. 空间回归模型
12. 删截、选择性样本及截断数据的回归模型
13. 应用 logistic 回归分析（第二版）
14. logit 与 probit：次序模型和多类别模型
15. 定序因变量的 logistic 回归模型
16. 对数线性模型
17. 流动表分析
18. 关联模型
19. 中介作用分析
20. 因子分析：统计方法与应用问题
21. 非递归因果模型
22. 评估不平等
23. 分析复杂调查数据（第二版）
24. 分析重复调查数据
25. 世代分析（第二版）
26. 纵贯研究（第二版）
27. 多元时间序列模型
28. 潜变量增长曲线模型
29. 缺失数据
30. 社会网络分析（第二版）
31. 广义线性模型导论
32. 基于行动者的模型
33. 基于布尔代数的比较法导论
34. 微分方程：一种建模方法
35. 模糊集合理论在社会科学中的应用
36. 图解代数：用系统方法进行数学建模
37. 项目功能差异（第二版）
38. Logistic 回归入门
39. 解释概率模型：Logit、Probit 以及其他广义线性模型
40. 抽样调查方法简介
41. 计算机辅助访问
42. 协方差结构模型：LISREL 导论
43. 非参数回归：平滑散点图
44. 广义线性模型：一种统一的方法
45. Logistic 回归中的交互效应
46. 应用回归导论
47. 档案数据处理：生活经历研究
48. 创新扩散模型
49. 数据分析概论
50. 最大似然估计法：逻辑与实践
51. 指数随机图模型导论
52. 对数线性模型的关联图和多重图
53. 非递归模型：内生性、互反关系与反馈环路
54. 潜类别尺度分析
55. 合并时间序列分析
56. 自助法：一种统计推断的非参数估计法
57. 评分加总量表构建导论
58. 分析制图与地理数据库
59. 应用人口学概论：数据来源与估计技术
60. 多元广义线性模型
61. 时间序列分析：回归技术（第二版）
62. 事件史和生存分析（第二版）
63. 样条回归模型
64. 定序题项回答理论：莫坎量表分析
65. LISREL 方法：多元回归中的交互作用
66. 蒙特卡罗模拟
67. 潜类别分析
68. 内容分析法导论（第二版）
69. 贝叶斯统计推断
70. 因素调查实验
71. 功效分析概论：两组差异研究
72. 多层结构方程模型
73. 基于行动者模型（第二版）